国家自然科学基金（51278417）资助出版

"医养结合"城市社区养老居住设施规划设计

戴靓华　著

中国建筑工业出版社

图书在版编目（CIP）数据

"医养结合"城市社区养老居住设施规划设计 / 戴靓华
著 . —北京：中国建筑工业出版社，2017.4（2025.2重印）
ISBN 978-7-112-20316-1

Ⅰ.①医…　Ⅱ.①戴…　Ⅲ.①城镇—老年人住宅—建
筑设计　Ⅳ.①TU241.93

中国版本图书馆CIP数据核字（2016）第323348号

本书基于对社会老龄化的严重性与复杂性、养老居住设施的发展现状以及国内外养老居住设施演变特征的梳理与分析，阐述了以医养结合为导向的研究视角、目的、意义和框架等基础平台问题。本书内容包括养老居住设施的发展与变化；医养结合的可行性分析；医养雏形的全方位解读；医养导向下养老居住设施的营建体系；医养导向下养老居住设施的规划策略；医养导向下养老居住设施的设计方法等。

本书可供广大建筑师、城市规划师、城市规划管理人员等学习参考。

责任编辑：吴宇江　孙书妍
书籍设计：京点制版
责任校对：李美娜　张　颖

"医养结合"城市社区养老居住设施规划设计
戴靓华　著

＊

中国建筑工业出版社出版、发行（北京海淀三里河路9号）
各地新华书店、建筑书店经销
北京京点图文设计有限公司制版
建工社（河北）印刷有限公司印刷

＊

开本：787×1092毫米　1/16　印张：11½　字数：257千字
2016年12月第一版　2025年2月第三次印刷
定价：38.00 元
ISBN 978-7-112-20316-1
　　　（29736）

序1

老龄化问题已成为 21 世纪人类面临的严峻挑战之一，也是今后世界各国制定各种经济与社会政策时必须认真考虑的重要因素，人口老龄化必然会对经济和社会运行等多方面产生重要的影响。如何设计合理的社会保障体系，如何为老年人特别是高龄老人及失能、半失能老人提供必要的老年生活服务，如何建立适宜的医疗卫生服务系统，如何营造适老化的生活环境与服务设施等，这些都是亟待解决的问题。

我国的老龄化所面临的形势更为严峻，问题更为复杂。由于我国特殊的人口政策和国情，老龄化来得十分迅猛、规模巨大，并且是未富先老。在我国农耕社会的传统文化中，养老主要是家庭之内的事，以孝道和"养儿防老"维系着这一养老模式。随着经济的迅速发展，城市化进程加快，居住建筑形式发生了巨大变化，"421"倒金字塔家庭结构的大量出现，又衍生出家庭空巢化、小型化等现实问题。单纯的家庭养老模式已难以为继，必须推进社会化养老，以保证"老有所养"这一文明社会的底线不破。

目前由于社会养老服务供给不足，相关资源配置不均，经济发展水平有限等现实国情，若在我国实行完全社会化养老也是不切实际的，这就需要发展和探索多元化的养老模式。戴靓华博士对此进行了深入的研究，涉及到医养理念、社区养老和适老设施等范畴。在她的博士论文的基础上，经过完善与修改写出本书《医养结合型城市社区养老居住设施规划与设计》，这是她近年来辛勤研究与思考的结果。

本书基于对社会老龄化的严峻性与复杂性、养老居住设施的发展现状以及国内外养老体系演变特征的梳理与分析，阐述了以"医养"结合为导向的研究视角和框架，探讨了养老居住设施"医养"模式发展的可行性；提出医养设施发展的雏形，确立本研究的区域范畴——城市社区；以建筑学、规划学为基础，结合人居环境学、社会学、老年学等相关理论，对养老服务政策和实施细则、社区适老化设施选址布局与环境建设以及适老化的空间构成与布局形态等作出详尽解析，提出相应的模式菜单和技术集成；建立以城市社区为载体，以加强社区整体养老能力为目标的无迁移养老体系。

本书对当前社区养老居住设施的开发与营建应有一定的参考意义。

王竹

浙江大学建筑工程学院教授

2016 年 10 月

序2

我国已跨入到不可逆转的老龄化社会,如何能够科学地规划和建设好适宜"老有所居"的城市生活环境,已成为当前人居环境科学面临的一个重要课题。

伴随着老龄化社会进程的发展,高龄老年人的数量将会不断增多,由老年人的加龄引发的老年病和身体机能弱化已成为不可避免的问题,这对目前无论是采用"居家"还是"机构"的养老方式都提出新的挑战。然而,当前的社区援护服务一时还难以满足居家老年人医养结合的服务需求,现有专业化的养老机构也着重是为老年人提供基本的生活照料、文化娱乐等服务,缺少专业的医疗照护和紧急救助功能,并且存在规模化、郊区化的现象,未能根据老年人口分布和实际需求合理规划,极大地降低了养老设施的使用效率,也造成了社会资源的不合理调配与浪费。此外,目前大型综合医院以诊疗护理为主,由于患者多、床位紧,难以为老年人提供长期的医疗护理与生活照料服务,而中小型医院及社区卫生服务中心(站)普遍存在着医疗资源利用率低的问题。由此可见,设置具有医疗护理功能的医养结合型养老机构已迫在眉睫。

戴靓华博士撰写的该书以营造老年人熟悉、亲切的居住环境,充分利用社会既有资源,建设多方共享的服务平台为切入点,选取我国城市人居环境单元"社区"为载体,以需要生活照护和医疗介入的老年人为服务对象,通过梳理与分析国内外养老设施发展演变及其特征,结合我国人口老龄化的现状及趋势,探讨了医养结合型养老居住模式的可行性及其发展雏形,尝试构建适应我国目前社会经济发展阶段的城市社区医养结合型养老设施的营建体系。并在此基础上从选址布局、设施定位、资源配置、户外环境和智能应用五个方面进一步研究提出了养老居住设施的规划策略,并从建筑整体、生活单元、功能空间三个层面探讨了医养结合养老居住设施的设计方法。

本书对建筑、规划设计人员以及城市、社区建设管理者开展医养结合养老居住设施的建设与研究具有较好的参考价值。

周典
西安交通大学人居学院教授
2016 年 9 月

前　言

在人口老龄化进程加快并深度发展的大背景下，高龄化和失能化趋势显著，"421"倒金字塔家庭结构的大量出现，又衍生出家庭空巢化、小型化等现实问题。老年人口严重的"四化叠加"现象，对传统养老模式提出巨大挑战。单纯的家庭养老模式已难以为继，必须推进社会化养老，支撑完善养老保障体系。但考虑到社会养老服务供给不足、相关资源配置不均、经济发展水平有限以及传统孝道文化深入人心等现实国情，若在我国实行完全社会化养老也是不切实际的，这就需要发展多元养老模式，发挥各自优势和潜能，在原有基础平台上加以优化和调整。

本书基于对社会老龄化的严重性与复杂性、养老居住设施的发展现状以及国内外养老居住设施演变特征的梳理与分析，阐述了以医养结合为导向的研究视角、目的、意义和框架等基础平台问题。其次，对养老意识形态与需求、物质形态与干预进行了解读，结合相关学科的理论支撑，探讨了养老居住设施"医养"模式发展的可行性。接下来，采用类型学理论方法，通过文献调查、实地调研和访谈的基础研究，由表及里，提炼出目前我国医养设施发展的雏形，并在此基础上进行归纳整合与分类，实现从问题到方法的转化。通过前期深入的文献调查和案例研究，参考老年综合评估和养老服务评估的评价机制，在定性判断的基础上抽取养老居住设施营建的影响要素，形成较为系统的医养体系数据库。通过权重分析的量化研究进而验证和调整，建构"医养"体系模型。以合理化、规范化的政策体系为导向，以"整体统一、局部灵活"的方法为原则，针对养老居住设施运营的保障政策、社区内的规划布局以及建筑整体和各单元空间的深化设计三个层面提出相应的营建策略和方法，形成多层次、多元化的服务体系，从而实现由理论探讨至实践操作的转变，以期研究成果对今后实践提供一定参考依据。

本书力图以一种开放和融合的方式创新性转变"居家养老和设施养老"内涵，通过对社区居家老人提供健康管理、上门服务及技术支持，将狭义的"居家"转变为新形势、新理念下的"养老床位"，提出以"社区养老居住设施"为核心，向社区全面辐射的养老服务体系。从宏观层面建立医养保障政策和运营管理体系，从中观层面完善多元复合型养老居住设施的规划布局，从微观层面制定医养设施的功能需求和建设目标。以此为平台，进而提出城市社区新型养老模式下的发展对策与方法。

撰写本书的根本目的在于开拓医养理念下的新型养老模式，引发对我国老龄化问题的思考与探索。由于著者水平有限，本书难免有疏漏和不足之处，敬请广大读者批评指正，在此表示衷心感谢！

戴靓华

西安交通大学人居学院建筑系

目　录

1 养老居住设施的发展与变化

1.1 老龄化的严重性与复杂性

1.1.1 全球老龄化背景

当前世界各国面临一个共同的课题：人口老龄化。所谓人口老龄化，联合国国际人口学会编著的《人口学词典》将其定义为：当一个国家或地区65（或60）岁及以上老年人口占总人口比重（称为老龄化系数）超过7%（或10%），称该国家或地区为老年型社会，若65岁以上人口超过14%，则称为老龄社会。[①] 在20世纪里，人口寿命发生了巨大变化，平均预期寿命从1985年的62岁延长至2015年的70.5岁，预计到2035年和2050年将分别再延长4.1年和2.5年。[②] 人口结构的变化以及20世纪下半叶以来人口寿命的持续延长意味着近些年60岁以上的人口不断增长，并将在接下来几十年加速扩展。

根据《世界人口老龄化报告》最新数据显示，全球60岁及以上老年人口自2000年的6.07亿，以48%的增幅扩大至2015年的9.01亿，并将以56%的幅度增加至2030年的14亿，预计至2050年，老年人口将达到21亿。其中，80岁及以上的高龄老年群体增幅最快。他们从2000年的0.71亿以77%的增长幅度迅速扩大至2015年的1.25亿，预测在接下来15年将增长到2.02亿，2050年将扩展至4.34亿（图1-1）。在发展中国家，这种增长幅度最大，速度最快，其占全球高龄老年人口比重自2000年的49%增长到2015年的53%，预测至2030年与2050年，该比重将分别扩大到58%和71%，

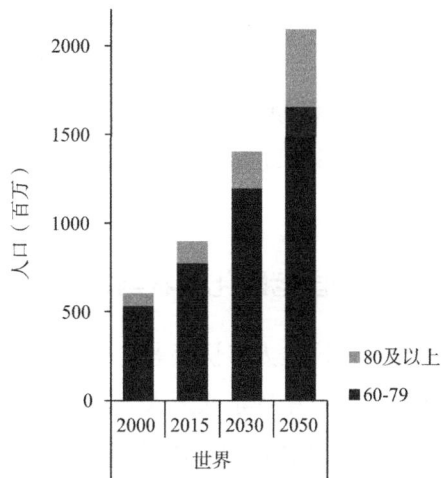

图1-1 世界老年人口增长趋势（2000—2050年）
（数据来源：United Nations. World Population Prospects：The 2015 Revision.）

---

① 联合国国际人口学会.人口学词典[M].北京：商务印书馆，1989。

② United Nations. Interactive Data - Profiles of Ageing 2015 [R].Department of Economic and Social Affairs： Population Division，2015.

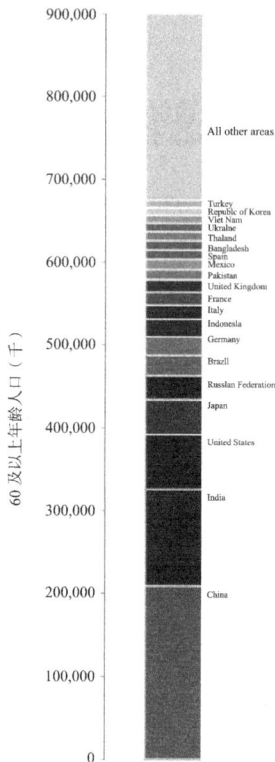

图1-2　2015年世界各国老年人口
（数据来源：United Nations. World Population
Prospects：The 2015 Revision.）

这对于未备先老、未富先老的发展中国家来说无疑是巨大的挑战。据报告统计，2015 年仅 5 个国家就占据了全世界 1/2 的老年人口，按所占比重由高到低排序分别是中国（占据全世界 1/4）、印度、日本、美国和俄罗斯（图 1-2）。①

人口老龄化是 21 世纪最重大的社会变革，它对金融市场、商品和服务供给、家庭结构以及代际关系等方面都产生了深刻影响。为老龄人口的经济与社会角色转变做好充分准备，对于确保社会发展进步，以及迈向 2030 年可持续发展议程的宏伟目标至关重要。为此，就积极应对老龄化问题，联合国自 1982 年开始陆续提出了一系列指导方针和具体建议，如在维也纳举行的第一次老龄问题世界大会通过的《老龄问题国际行动计划》，在过去 20 年来各项重大政策和倡议不断演变的过程中一直主导关于老龄问题的思考和行动方向。1991 年制定《联合国老年人原则》时讨论了老年人的人权问题，该原则在独立、参与、照顾、自我实现和尊严等方面提供指导。以及 2002 年在马德里召开第二次老龄问题世界大会通过的《2002 年老龄问题国际行动计划》，目标在于确保全世界所有人都能够有保障、有尊严地步入老年，并作为享有充分权利的公民参与其社会。该行动计划确认了老龄化的共性及其带来的挑战，并针对每个国家的具体情况提出建议。②

1.1.2　中国老龄化现状与趋势

21 世纪的中国是人口快速老龄化的中国。2000 年，我国 60 岁及以上人口达 1.3 亿人，占总人口 10.45%，中国正式迈入老龄化社会。③2013 年，老年人口数量已达 2.02 亿，老龄化水平为 14.9%。根据"国家应对人口老龄化战略研究"课题组预测，至 2025 年，老年人口将迅速增加到 3.08 亿，占总人口的 21.1%。2050 年达到 4.83 亿，占总人口的 34.1%，此

---

① United Nations. World population ageing 2015 [R].Department of Economic and Social Affairs：Population Division，2015.
② 联合国. 第二次老龄问题世界大会的报告[R]. 2002。
③ 数据来源：中华人民共和国国家统计局，第五次人口普查数据（2000 年）[EB/OL]. http://www.stats.gov.cn/tjsj/ndsj/renkoupucha/2000pucha/html/t0301.htm。

后将进入相对稳定的重度人口老龄化平台期。[①] 人口金字塔图能够较为直观有效的表达一个国家人口年龄的结构特征。依据 2000 年、2010 年中国第五次与第六次人口普查数据和美国普查局国际项目中心国际数据库给出的中国分年龄、分性别 2030 年和 2050 年人口预测数，绘制中国人口金字塔图（图 1-3）。可以看出，中国人口年龄结构由正三角逐渐向柱状转变，其中老年人群改变最大。与世界老龄化进程相比，我国发展势头可谓极其迅猛（图 1-4）。据有关资料显示，我国人口年龄结构从成年型转入老年型仅用了约 18 年的时间，而法国完成这一过程用了 115 年，瑞士用了 85 年，美国用了 60 年，即使老龄化程度很高的日本也用了 25 年。[②]

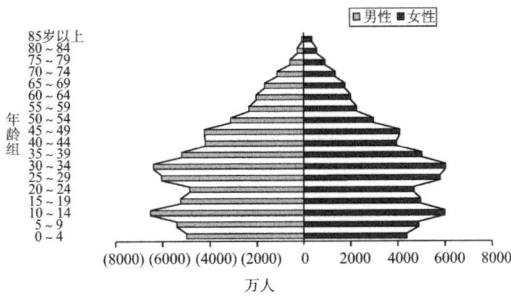

（a）2000 年中国人口金字塔（来源：中国第五次人口普查）　　　　（b）2010 年中国人口金字塔（来源：中国第六次人口普查）

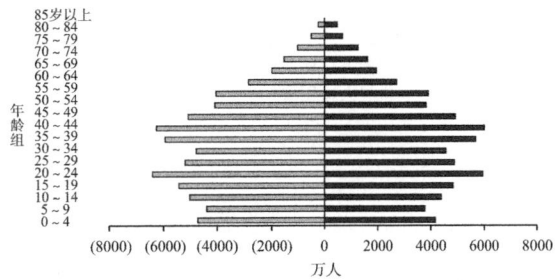

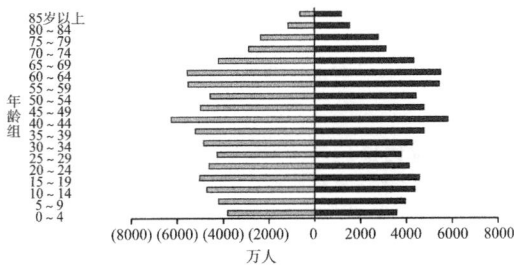

（c）2030 年中国人口金字塔
（来源：美国普查局国际项目中心国际数据库）

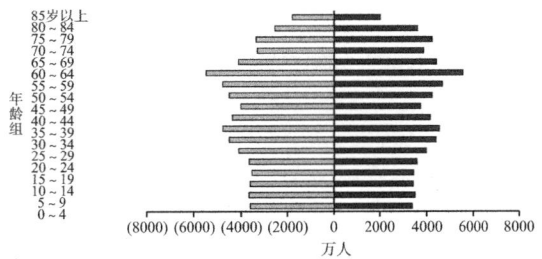

（d）2050 年中国人口金字塔
（来源：美国普查局国际项目中心国际数据库）

图1-3　中国人口金字塔图

与此同时，中国人口老龄化呈现高龄化、失能化、家庭空巢化、小型化"四化并发"的特点愈发显著。目前，中国高龄老年人口已达 2500 万，并将以年均增长 100 万的态势持续到 2025 年。失能老年人口规模不断扩大，完全失能与部分失能老年人口接近 4000 万。

① 董彭滔，翟德华.积极应对人口老龄化成为中央的战略部署[M]//载于吴玉韶主编.中国老龄事业发展报告（2013）.北京：社会科学文献出版社，2013。
② 孙祁祥，朱南军.中国人口老龄化分析[J].中国金融，2015（24）：21-23。

患有慢性病的老年人持续增多,已突破1亿人大关。[①]据《中国家庭发展报告(2015年)》显示,空巢老人占老年人总数一半,其中,独居老人占老年人总数的近10%。[②]除此之外,人口老龄化与经济发展不同步。世界上发达国家基本都是在经济发达的条件下进入老龄社会,即"先富后老"或"富老同步",而我国却是未进入经济发达阶段的情况下,提前进入人口老龄化社会,即老龄化呈现"未富先老"的特征。其次是人口老龄化发展不均衡。我国人口老龄化水平呈现城乡、区域及省际不均衡特点。从城乡差异来看,我国人口老龄化呈现城乡倒置的趋势,农村人口老龄化程度始终高于城镇;从区域差异来看,人口老龄化呈现出东部地区逐渐放缓,中西部地区不断加速的态势,而伴随中西部劳动人口向东部流动,这种态势将进一步加剧。[③]

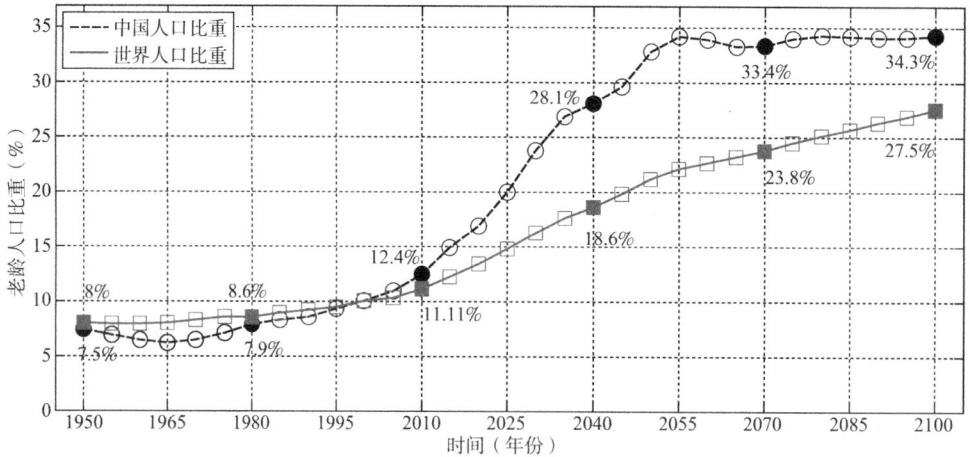

图1-4　中国与世界老龄化程度比较

注:http://esa.un.org/unpd/wpp/unpp/panel_indicators.htm,为2012年联合国经济和社会事务部的人口统计数据。中国和世界的老龄化人口比重(此处的老龄化人口取60岁以上的老人),预测方法:中位变差预测法,时间范围:1950~2100年(每五年一个数据)。
(来源:参考联合国经济和社会事务部的人口统计数据,由笔者梳理绘制而成)

　　面对这突如其来的不可逆之势,以及养老问题的严重性和复杂性,我们不得不深思:在我们垂暮之年,谁来为我们养老?对于强调生活质量,关注医疗护理的城市养老环境的营建而言至关重要,面向城市社区需要照护的老年人建立一套符合该主体需求及特征的养老居住设施服务体系,是当下建筑规划学科应当解决的重要课题。

① 董彭滔,翟德华.积极应对人口老龄化成为中央的战略部署[M]//吴玉韶主编.《中国老龄事业发展报告(2013)》.北京:社会科学文献出版社,2013.
② 国家卫生和计划生育委员会.《中国家庭发展报告(2015年)》[R].2015.
③ 孙祁祥,朱南军.中国人口老龄化分析[J].中国金融,2015(24):21-23。

1.2　国内外养老居住设施的演变过程

1.2.1　欧美

1. 初始阶段

（1）雏形：西方养老居住设施最早脱胎于宗教建筑，身体机能的衰退使得老年人成为宗教建筑服务的主要对象。这类建筑由宗教机构创办，政府立法推广，为老年人提供医疗和收容救济的服务。其原型最早出现在中世纪的英国，建造于 1084 年英格兰北部坎特伯雷（Canterbury）镇的圣十字医院，它由教堂和六栋专门收容老人的住宅构成。12 世纪起，英国出现由信徒捐助而建的"慈济院"型养老居住设施，其地理位置靠近市中心，格局大都是依附于修道院一侧建造的周边房间、中心庭院的围合式平面布局。由于得到了社会各界多方的资助，其建筑和室内装饰都非常精美，再加之安全的建设格局、低廉的租金和社会保障法律的推进，使得这类建筑至今仍是很多老年人养老入住的选择。

（2）创办者由宗教向社会 / 政府转变：与宗教机构创办养老居住设施相伴的，还有社会慈善人士出资或筹办的养老建筑。以 1514 年德国富商福格尔家族捐款建造的福格莱福利院为例，使用至今已达 500 年之久，是世界上历史最悠长的老年社区（图 1-5）。这个号称"城中之城"的建筑群，由商店、医院、教堂以及设施齐全的住宅构成，向年龄超过 55 岁的、年收入在 250 马克以下的非单身者开放。美国最早出现的养老居住设施是由政府推行建造的济贫院，为了节约成本，其选址一般靠近农庄远离城镇，这种与世隔绝的生活方式并不利于老年人的健康发展（图 1-6）。此外，美国还发展起由自愿组织、公司或协会创办的养老居住设施项目，服务对象主要为有收入的老年人，相比前者环境人性化、功能多样化，而后成为美国养老居住设施的典范——老人社区。

（a）福利院外景　　　　　　　　　　　　　　（b）福利院卧室

图1-5　德国福格莱福利院

（来源：新浪论坛，http://club.eladies.sina.com.cn/thread-3520790-1-1.html）

（a）主入口

（b）穹顶

图1-6　美国济贫院（Instituto Cultural Cabañas）

（来源：蚂蜂窝网，http://360.mafengwo.cn/travels/info_weibo.php?id=3319374）

图1-7　美国老年护理之家艺术室

（来源：凤凰网，http://news.ifeng.com/gundong/detail_2013_07/30/28056808_0.shtml）

2. 发展阶段

（1）规模和功能向集中复合型转变：19世纪末20世纪初，迎来了养老居住设施的全面发展阶段。伴随欧美发达国家针对老年人福利法律的创立和深化，养老建筑的规模、形态和功能也发生了巨大的改变。1901年，丹麦首都哥本哈根建成了两栋大型的集中式养老居住设施——"老年人村"和"索伦"，其中老年人村可容纳1650个老人，包括1100个公共老年人住宅床位和550个医院床位，是欧洲最早的功能复合型养老居住设施。然而，单一的老年人群结构和封闭的管理模式，让老年人感受更多的是压抑、失落、悲观和虚弱，也失去了赚取收入的机会。事实证明，这种完全隔离式的独立型老年社区并不是老年人理想的养老模式。随着20世纪20年代末全球经济大萧条的到来，西方各国开始加强老年保障的工作。丹麦在全国范围内大规模建造大型养老居住设施，多为内廊式双面布局，床位数在400～800之间，功能多样的建于市区中高层的建筑模式。

（2）向功能更细化、服务更人性化的医疗护理型转变：社会保障体制的不断完善，为老年人享有更好的生活条件、促进养老居住设施功能的不断细化奠定了基础。20世纪30～40年代，美国、荷兰等西方发达国家开始大量建造护理之家（图1-7），多是由慢性病医院发展而来，与老年医院共同服务于患病的老年人。仅仅身心退化的老人则入住在由私人慈善机构创办的老年人之家。

（3）由集中型向小型化、住宅化转变：20世纪40年代起，英国政府向地方福利机构提供大量资金以建造小型老年人之家，规模多在25～30人之间。几年时间就收留了2～3万老人。北欧国家中，丹麦哥本哈根市仅1952年一年就建造了5200个老年建筑，它们多为低层小规模、居住和护理相结合的合居型养老模式。

（4）向社区服务发展，由建筑实体走向上门服务：养老居住设施向社区化转变体现了老年人对居家养老的渴望与迫切。法国建立了将公寓、餐厅、小诊所等服务集于一体的老年人中心，并向整个社区老年人开放，实现了资源的整合与共享。在社区开发的进程中，美国将养老建筑纳入其中，形成了独具特色的"退休社区"（图1-8），即独立的居住单元、商店、邮局等组成的设施齐全、服务完善的庞大体系，服务对象由早期的中低

图1-8　美国WCR持续照料退休社区
（来源：新浪博客，http://blog.sina.com.cn/s/blog_4db0ed370101jfkz.html）

收入老年人发展为高收入老年购买者，以戴尔·韦博公司于20世纪60年代开发的太阳城为典型代表（图1-9），居民者必须为55岁以上老年人，城内实现无障碍设计，实施严格人车分流，提供大量生活设施。伴随社区养老模式发展的逐步深化，社区医疗、护理也陆续产生，针对社区内无人看管或需专业照护的老年人，美国慈善机构提供上门护理和临终关怀的服务，欧洲各国也逐渐普及日间看护、送餐上门等服务。

图1-9　美国养老社区典范——太阳城
（来源：网易博客，http://lijijun68.blog.163.com/blog/static/18083608820129291057 57549/）

3. 当前阶段

在目前较为完善的老年保障体系和社会经济体制下，欧美各国的养老建筑已发展至较为成熟的阶段，其特征主要体现为：建设覆盖面广，设施类型丰富，养老支持力多元，服

务功能细化，服务内容层级化，各领域、各部门间协作力强等等。以社会民主福利国家瑞典为例，该国的税收制度确保了老年人社会福利的实施，如退休保险、医疗保健、长期照料等，为老年人提供了足以独立生活的保障。在政府大力推广下，瑞典的居家养老率已达90%[1]，不仅因其不可替代的自身优势，更关键在于社会体制和社区服务网络给予的全方位支持，诸如包括看护送饭、短时照料、社区医保在内的家政服务体系，以及在《未来老人政策》颁布后实行专业人员定期上门的医疗服务。居家养老之外，还有涵盖养老院、老年公寓、护理院在内的机构养老和提供短期入住等服务的社区养老，汇总瑞典典型养老居住设施类型及其服务内容，见表1-1所列。美国老年人生活的独立性和社会保障制度的完善性，使其多为划分细致、服务周到的设施养老。根据老年人群健康状况差异性，建设自护型→助护型→特护型全面的养老居住设施服务体系（表1-2）。其中，老年养生社区已发展为美国最具特色的养老模式，从活动自理型社区到持续照料型退休社区，服务内容从短期居住、休闲娱乐到辅助照料、专业护理。

瑞典典型养老居住设施一览 表1-1

名称	入住老人及功能特点	设施类型	医疗服务	无障碍设计
服务住宅	健康老人，为老人专门建造并提供服务的住宅	老年公寓养老院	具有一定服务功能	1977年后建造和改造的都有
合居住宅	介护老人，单人间与公共设施构成的小型机构		照护	有
老人之家	高龄介护老人，提供各种医疗服务的机构	护理院	照护、医护	多数有
护理之家	介护老人，提供24小时护理的机构		照护、医护、护理	多数有

（来源：根据王洪羿《养老建筑内部空间老年人的知觉体验研究》P14改绘）

美国典型养老居住设施一览 表1-2

名称	入住老人及功能特点	设施类型	医疗服务	无障碍设计
老人集合住宅	中龄老人，为老人专门建造、附带公共设施和社会服务的集合式住宅	老年公寓养老院	社会服务	多数有
辅助生活住宅	高龄且高收入老人，提供照护服务的住宅		照护	有
护理之家	介护老人，提供24小时医疗服务的机构	护理院	照护、护理	多数有
持续照护退休社区	退休老人，具有照护服务的居住区	社区配套服务设施	照护、医护、护理	多数有

（来源：根据王洪羿《养老建筑内部空间老年人的知觉体验研究》P13改绘）

---

① 信息来源：沈阳日报数字报，http://epaper.syd.com.cn/syrb/html/2011-01/11/content_670745.htm。

通过对欧美发达国家养老居住设施发展演变的系统性研究，将其历史发展脉络进行梳理，见表1-3所列。

欧美发达国家养老居住设施发展演变　　　　　　　　　　　　　　　　　　　表1-3

具体事件		发展阶段
营建	代表	
最早由宗教机构创办，政府立法推广，提供医疗和收容救济服务	原型为英格兰北部坎特伯雷镇的圣十字医院；12世纪英国慈济院	养老居住设施雏形
社会慈善人士捐办或筹办的养老建筑；由政府推行建造的济贫院	历史最悠长老年社区——德国福格莱福利院；美国老人社区	由宗教主办发展为政府/社会筹办
老人福利法创立并深化，养老建筑规模、形态和功能发生巨大改变，出现集中式大型养老居住设施	丹麦哥本哈根两栋大型集中式养老居住设施——"老年人村"和"索伦"	规模和功能向集中复合型转变
西方发达国家开始大量建造护理之家，多由慢性病医院发展而来，与老年医院共同服务于患病老人	以美国、荷兰为主	向功能更细化、服务更人性化的医疗护理型转变
国家提供地方福利机构大量资金以建造小型老年人之家	英国25～30人的老人之家；丹麦哥本哈根低层小型、居住和护理相结合的合居型养老模式	由集中型向小型化、住宅化转变
将养老建筑纳入社区建设之中，逐渐普及日间看护、送餐上门等服务	法国老年人中心；美国退休社区，以太阳城为典型代表	向社区服务发展，由建筑实体走向上门服务

（来源：根据陈喆《老龄化社会建筑设计规划——社会养老与社区养老》P13改绘）

1.2.2　日本

1. 初始阶段

（1）雏形：从《日本灵异记》记载可知，7～8世纪形成的弃老习俗逐渐被废止，转向由所在地地主和富户抚养照顾无依靠老年人，将他们接到家中供其吃住。中世后期至近世，村落养老作用越来越显著，由村落"五人组"商讨解决办法，由富豪或村落，通过邻保、地缘扶助保障无家庭老年人。幕藩末期（19世纪50年代上下），老年贫困者增加，仅靠幕府提供"扶持米"已不能满足需要，各地出现设立"老院"的动向，以解决社会养老问题。

（2）福利居住型设施（20世纪50～60年代，福利制度建立期）：在经历了第二次世界大战的社会背景下，日本于20世纪50年代初，针对生活贫困者、儿童、身体残疾者制定了社会福利事业法，并在此基础上创建了一些专为老年人提供援助的福利设施，如养老院和付费型养老院。日本深受中国儒家思想的影响，养老模式主要是以传统的家庭为载体。然而，这种非正式的扶助关系，随着经济发展中家庭功能的不断缩小，高龄老人的激增以及对社会福利需求的不断扩大而渐渐被稀释，导致社会保障在老年人生活、医疗和照护等方面，陷入解体之危机。基于该历史背景，日本政府引入了社会保障制度，于1963年颁布了老年人福利法，由在宅福利政策和设施福利政策两部分组成，并开始对养老居住设施类型和内容进行深化，建造了低收费养老院、老人护理之家和特别护理中心（图1-10），以及老人之家、老人休养中心等利用设施，面向老人和残疾人家庭还制定了特定用途公营住宅的对策。

2. 发展阶段

（1）由设施型向住宅型发展（20世纪70年代，福利制度转折期）：1970年日本老龄人口比例达到7%，步入老龄化国家的行列。以既有保障体系为基础，在"社会福利设施紧急建设5年计划"的指导下，日本兴建了一大批以低收费养老院为主的养老居住设施。此外，为了缓解老龄化巨大压力，在日本经济高速发展的进程中，政府实行过一段时间的"老年免费医疗"制度，但在1973年石油危机的重创下很快止步。在鼓励居家养老方面，日本也提出一系列援助服务，诸如地方自治体或民间开始为老年人提供上门洗浴护理和家政服务，设立老年人福利中心、短期收容中心和日间护理中心的利用设施等等（图1-11）。实现了福利重心由设施向住宅的转移。

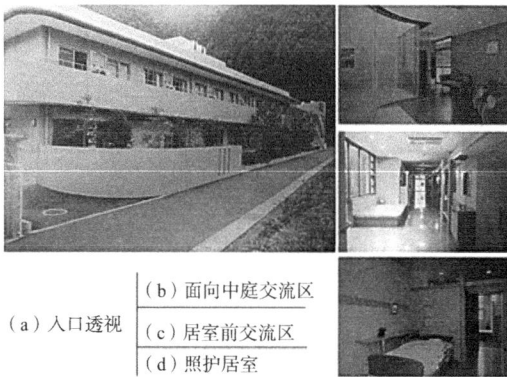

（a）入口透视
（b）面向中庭交流区
（c）居室前交流区
（d）照护居室

图1-10　日本特别护理中心

（来源：建筑思潮研究所《１０３ユニットケア——特别养护老人ホーム 介护老人保健施设・他》P69-70，73）

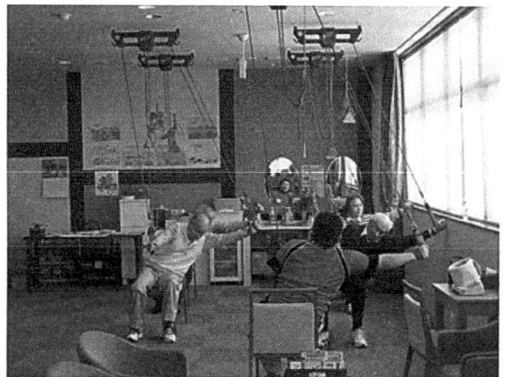

图1-11　日本野日间护理中心

（来源：新浪博客，http://blog.sina.com.cn/s/blog_c14142bb0101i9ad.html）

（2）向保健医疗型发展（20世纪80～90年代，福利制度修正期）："免费医疗"的理想化制度，随着1982年政府制定的《老年人保健法》而终结。在该法案的推动下，养老市场出现了介于住宅和医院之间的"老人保健设施"。而经济衰退和高龄少子的双重压力，又进一步刺激日本开始更深入、更广泛地关注与老年人医疗保健体系建设相关的研究和实践。1989年，政府推出了以促进老年人福利保健为目的的"高龄者保健福利推进10年战略政策"（Gold Plan，即黄金计划）。该计划的推出，进一步明确了社会福利政策的对象，

推动了社会福利的专业化，也将政府对老人长期
照护的角色往前推进一步。在它的影响下，日本
政府于 1990 年对老年人保健法、社会福利医疗
组织法在内的福利 8 法① 进行了修正，实现了福
利设施与医疗保健机构的融合，并促进了社区地
域福利设施的发展，如关怀中心、老年人生活福
利中心、社区老人中心等居住设施和老人医院、
疗养型医疗中心等保健医疗设施的建造，以及住
宅和社区建设相关对策的提出。

（3）向疗养护理型发展（2000 年起，福利
制度完善期）：2000 年，由于社会、经济、政治
及老人护理需求等多方压力，日本开始实行护
理保险法（介护保险），使老年人可以根据自身
健康及经济状况，自行设计组合，从各种福利

图1-12　日本宝冢太阳城疗养院
（来源：中国风景园林网，http://www.chla.com.cn/
htm/2013/0708/175051_7.html）

措施中点菜单式地自主选择，然后通过建立契约接受各项服务。医疗、保健、疗养等与
照护内容相关的软性服务，由"CARE MANAGEMENT"（照顾管理）管理方法统一起来，
严格量化，而后编入菜单，投入使用。该法案的提出与施行，引起了日本既有福利体制
的巨大变化。它有效应对了社会福利保障财政紧缩的不利状况，使老年人渴望提升生活
品质的个性化需求得到满足，也加强了各级福利设施的动能，由被动向主动转变从而提
高了照护服务的效率，一些疗养型护理机构发展了起来（图 1-12）。2004 年，以推进养
老金制度改革为目标，政府增建了老年人保健护理设施，同时还提供了家庭医疗、家庭
护理等服务，意在促进社会福利制度的深化与完善。2006 年，以解决 75 岁以上老年人
医疗费用的负担，日本成立了独立的老年人医疗保险机构，进一步加速了老年疗养与医
疗改革的步伐。

3. 当前阶段

从使用目的与服务内容的视角，可将目前日本养老居住设施大致分为三大体系，每个
体系各自对应多种设施类型：首先，是以专业治疗和照护为核心的"医疗系"，其中，为
长期需要护理及医疗照料的老年人提供服务的"照护型医疗设施"是其代表；其次，是以
休息疗养和机体康复为核心的"保健系"，主要是为术后需进行特殊护理的老年人或罹患
慢性疾病老人提供康复训练的设施；最后，是以日常照顾与生活辅助为核心的"福利系"。②

① 　日本福利8法：《生活保护法》（1946年）、《儿童福利法》（1947年）、《身体残疾者福利法》（1949年）、《智力残
疾者法》（1960年）、《老年人福利法》（1963年）、《母子寡妇福利法》（1964年）、《老年人保健法》（1982年）、《社
会福利事业法》（1951年，2000年更名为《社会福利法》）。参见：吕学静.日本社会福利政策的转变与思考[EB/OL].2012-03-
11.http://society.people.com.cn/GB/168256/17503517.html。
② 　吴茵，万江.日本老年人福利制度的变迁与养老设施的建设[J].住区，2014（01）：141-148。

在社区层面上，为居家养老者提供日常生活及护理照顾，是目前该体系下的发展主体。

基于对日本养老居住设施发展演变的全面研究与分析，可以看出，老年人对居住的需求随着社会的发展而发生变化，设施由收养福利型向保健护理型扩展，规模从大体量转为小规模，对医疗设施的依赖逐渐转为对社区和在宅护理的重视，对社区提供配套服务的要求转为对既有设施区域开放的要求，将其发展脉络进行梳理，汇总见图1-13和表1-4。

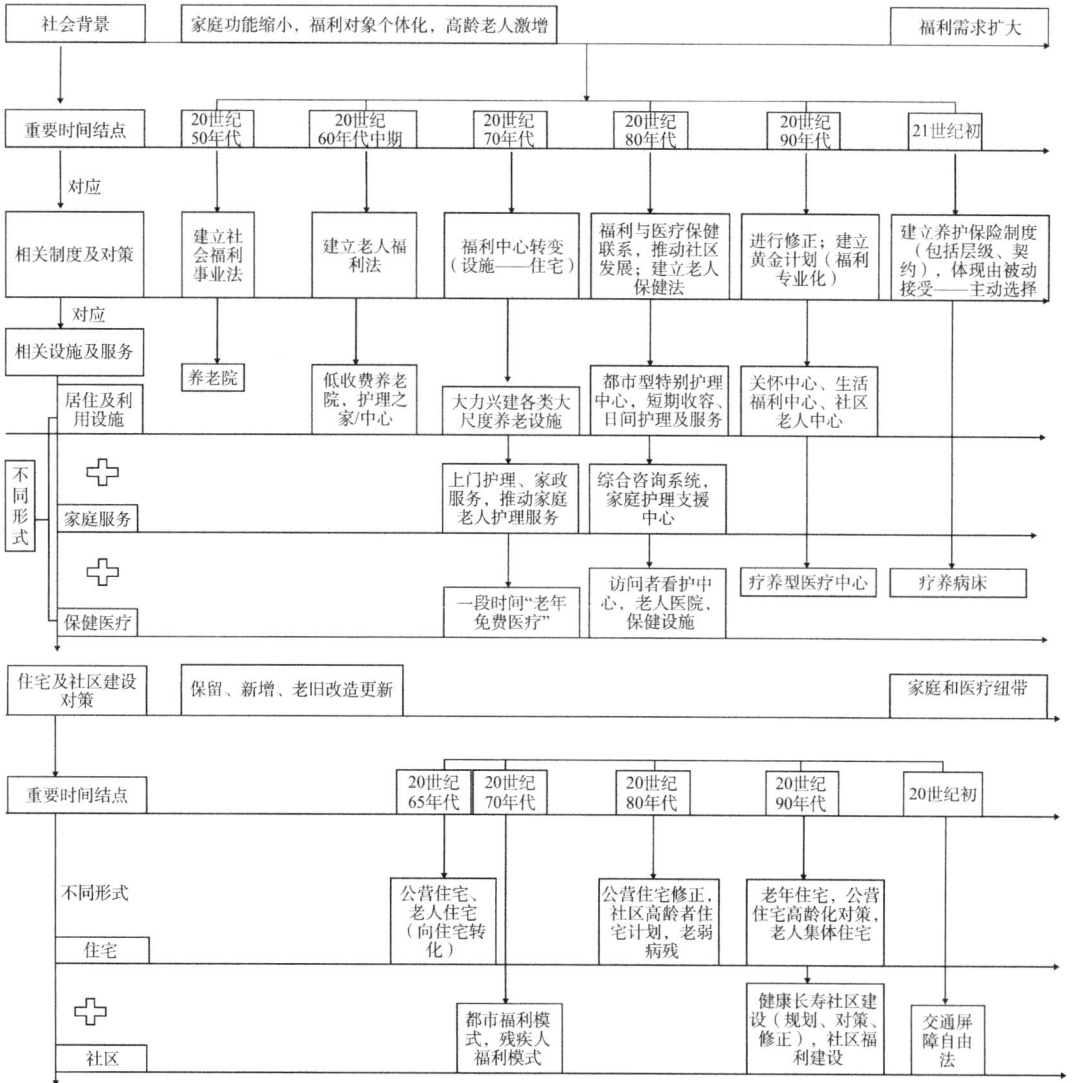

图1-13 日本养老居住设施发展演变脉络

（来源：根据日本建筑学会《建筑设计资料集成》P300改绘）

		表 1-4
日本养老居住设施发展演变		

具体事件		发展阶段
营建	代表	
由所在地地主和富户抚养照顾无依靠老人，村落养老作用显著	村落"五人组"商讨解决；后期各地出现设立"老院"动向	养老居住设施雏形
制定社会福利事业法，创建专为老年人提供援助的福利设施；随后导入社会保障制度，颁布老年人福利法，设施类型和内容深化	养老院、付费型养老院；随后出现低收费养老院、老人护理之家和特别护理中心，以及老人之家、老人休养中心等利用设施	福利制度建立期——福利居住型设施
制定"社会福利设施紧急建设5年计划"，大力兴建不同规模养老居住设施；为鼓励居家养老提出一系列援助服务	以低收费养老院为主；提供上门洗浴护理和家政服务，设立老年人福利中心、短期收容中心和日间护理中心的利用设施	福利制度转折期——设施型向住宅型发展
制定《老年人保健法》，推出"黄金计划"，实现福利设施与医疗保健机构融合，并促进社区地域福利设施的发展	关怀中心、老年人生活福利中心、社区老人中心等居住设施和老人医院、疗养型医疗中心等保健医疗设施	福利制度修正期——向保健医疗型发展
实行护理保险法，提出并施行"CARE MANAGEMENT"管理方法	老年人保健护理设施，家庭医疗、家庭护理等服务	福利制度完善期——向疗养护理型发展

（来源：根据陈喆《老龄化社会建筑设计规划——社会养老与社区养老》P14 改绘）

1.2.3 中国

1.初始阶段

（1）雏形：中国的养老思想源远流长。在古代，不仅有"以孝治天下"的治国理念，更有"老吾老以及人之老"的敬老美德。探讨我国养老居住设施的前身，可追溯至南北朝时期萧长懋（公元458~493年）建立的"六疾馆"，是一种具有收容老年人及病患功能的医疗建筑，现无资料考证其是否提供长期居住。而后，梁武帝于公元521年在都城建康（今南京）创办了"孤独园"。这种由帝王建立、提供医疗和收容服务的建筑即是我国养老居住设施的雏形。到唐朝，这样的建筑被推广，武则天在位时建造了我国最早有文字记载的医疗型养老建筑——"悲田养病坊"[①]。由《事物纪原·贫子院》可知："悲田养病坊"包括悲田院、疗病院和施药院三院，是建设在佛教寺院内的以救济为目的半官半民的慈善机构。悲田院相当于如今带有福利性质的诊所和养老院，主要为流浪老人、无后老人提供免费诊视、收容救助、慰托孤独等老、病、死一系列服务。

（2）向长期居住型转变：界定是否为真正意义上的养老建筑，关键在于其能否为老年人提供长期居住服务。宋朝统治者以稳定社会环境为目标，在大力发展慈善事业的过程中，制定了"福田院"养老制度，并在此基础上广泛发展并建立了福田院、居养院、安济坊、

---

① 王卫平.唐宋时期慈善事业概说[J].史学月刊，2000（03）：95-102.

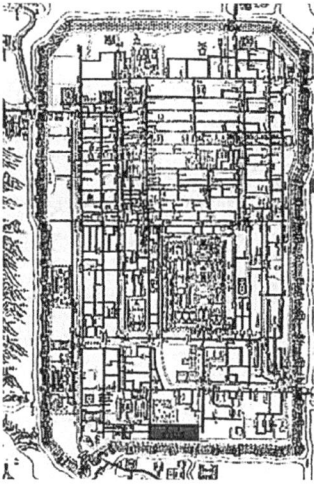

图1-14 苏州居养院(深色区块)

(来源:王洪弈《养老建筑内部空间老年人的知觉体验研究》P17)

养济院、慈幼局等一系列慈善机构。北宋初年,首都汴梁开设了"福田院"养老机构,由最初收养孤独有病的老年乞丐的东、西贫家福田院发展至后期可容纳300人的东西南北四座。1098年,宋哲宗在此基础上创建了专门收养孤寡老人的"居养院"[①],对象为50岁及以上的孤寡老人,并对80岁以上的居养人给予格外的恩惠。可见,居养院不仅专为老年人提供长期居住服务,也对入住老年人的年龄进行了明确的界定;以规模较大且经营有方的苏州居养院为例(图1-14),它位于城内南部中央,占据一个街坊,根据史料记载可知其建筑形制:为屋六十有五,为楹三百有十,为室三十,长廊还础,对关列序。[②]宋代苏州养老慈善救济机构如表1-5所示。

宋代苏州养老慈善救济机构一览　　　　　　　　　　　　　　　表1-5

序号	名称	创建或重建年代	所在位置	对象与功能
1	居养安济院	建于北宋,淳熙五年(1178年)重建	社坛东	收养癃老无子妻、妇人无夫亲、幼失怙恃者
2	居养安济院	绍熙元年(1190年)	城西南隅	收养鳏寡孤独者
3	广惠坊	绍定四年(1231年)	鱼行桥	收养鳏寡孤独、癃老废疾、颠连无告者

(来源:根据王洪弈《养老建筑内部空间老年人的知觉体验研究》P19改绘)

图1-15 中国古代养济院

(来源:互动百科,http://www.baike.com/wiki/%E5%85%BB%E6%B5%8E%E9%99%A2)

(3)官办养老机构制度化:元代由外族统治,为了维护社会稳定,在政策方面延续了前朝的做法,诸如对老年人的礼遇以及对他们刑罚的照顾。为了建立适宜有效的养老机构,元代统治者展开了更广泛的尝试和探索,从最初的孤老院,到公元1271年元世祖下令设立的济众院,再到元至正年间郭瑛建立的"惠老慈济堂",直至最后养济院的确立(图1-15),体现了元朝政府赈恤"鳏寡孤独废疾不能自存之人"政策的制度化。这对于提升老年人生活

---

① 李寿.续资治通鉴长编[M].北京:中华书局,1993。
② 王卫平.论中国古代慈善事业的思想基础[M].南京:江苏社会科学出版社,1999。

质量，稳定社会秩序，具有积极、深远的社会意义。

（4）官办和民间联合发展：设立于明朝初年的养济院，是该时期重要的社会救济机构，1585 年这类由政府制定养济标准并提供粮食补给，由地方任命人员负责日常工作的官办的养老机构已基本在全社会普及。明代中后期，腐败和战乱催生了大量流离失所的人，官办社会救济机构弊端逐步凸显，但此时的经济文化却发生了重大的变革，如安徽、山西一带商业地域集团的出现，江浙一带工商业和人文环境的发展等等。另外，《立命篇》《自知录》类善书的出版流行，从思想认识上进一步推动了社会各阶层人士对民间慈善事业的关注，从而发展至后来形式多样的慈善机构，如会馆、族田义庄、善会与善堂（图 1-16、图 1-17）。其中，以发源并建造于河南的同善会为代表，该组织冲破了宗教与宗族的限制，为生活困难的孝子、节妇和老病者服务，是我国当今慈善机构的前身。

图 1-16 奉天同善堂

（来源：华声论坛，http://bbs.voc.com.cn/topic-1919564-1-1.html）

图 1-17 明朝乐善堂

（来源：苏简亚《苏州文化概论》）

（5）尊老制度达到顶峰：早在顺治帝即位之时，清朝就颁布了一系列尊老优老法令。在政府不断加强、巩固国家统治的进程里，养济院制度随之渐渐恢复并得以发展。主要体现在：救济覆盖范围的扩大，各地收养名额的增加以及对救济对象、标准和经费来源的规定。为官办养老机构的发展与完善奠定了坚实基础。康熙皇帝倡导设立"普济堂"（图1-18），专门收养年满 50 岁的老年贫民，视其经济状况决定供养人数和生活水平。起初建在北京，随后在江苏、山东等地逐步发展起来。

基于以上研究可以看出，自古至今，养老问题都受到各朝统治者的重视，制定了相应的政策法规。随着历史脚步的推进，相应的制度和保障体系也得

图 1-18 原普济堂旧门楼

（来源：名城新闻网，http://news.2500sz.com/news/szxw/mcbd/shxw/543967.shtml）

到了充分的发展，并取得显著成果。

2. 发展阶段

新中国成立后，养老环境和养老主体相较中国古代发生巨大变化，老龄化问题错综复杂。在不同社会环境和体制背景下，养老居住设施发展可归为以下两个阶段：

（1）城镇国有制和农村集体制阶段（1949~1986年）：1949年中华人民共和国成立后，政府开始对私营经济进行社会主义改造,通过公私合营逐步过渡到完全的公有化。[①]1957年，伴随"国民经济第一个五年计划"完成，即社会主义改造基本完成，我国建立了公有制占统治地位的计划经济体制。在该体制下，中国进入统筹保险和单位保险的国家养老保险时期。对于既有福利设施，政府实行全面接管，在城镇建立国有制的社会福利院（图1-19），对象主要是缺乏照顾的烈士军属、革命老人和孤寡老人；在农村建立由"五保户"发展起来的集体制敬老院（图1-20）。1956年农业合作化时期，农业生产合作社对缺乏劳动能力、生活没有依靠的鳏、寡、孤、独者，实行保吃、保穿、保住、保医、保葬，简称"五保"。1958年人民公社化时期，政府为集中供养五保户兴办了一批敬老院。[②]它与国有制社会福利院形成了新中国成立后最主要的两种老年建筑类型。然而，中国城乡二元结构的体制背景，使城镇和农村贫富差距分化严重，设施水平也产生巨大差异。位于城镇的社会福利院是民政部门审批管理下的养居住老设施，各方面条件相对完善且运营良好；而在农村这片土壤中发展起来的敬老院，纵使有"五保户制度"尽力补缺其不足，但整体仍呈发展滞后的局面。

图1-19　国有制福利院
（来源：慈溪新闻网，http://daj.cixi.gov.cn/art/2008/9/11/art_9144_160259.html）

图1-20　集体制敬老院
（来源：慈溪新闻网，http://daj.cixi.gov.cn/art/2008/9/11/art_9144_160259.html）

（2）全面发展阶段（1986~2000年）：伴随着我国市场经济体系的建立、养老保险模式的转变以及老龄化社会的正式迈入，养老居住设施的建设发展也发生了巨大的变化，这一时期老年人建筑水平已达到中国近代以来最高水平，其发展主要呈现三个特征：经营方式

① 信息来源：中国网，http://www.china.com.cn/v/zhuanti/zuji/node_7119991.htm。
② 信息来源：百度百科，http://baike.baidu.com/view/1125890.htm。

多样化，住宅体系和设施类型多元化，建设覆盖面扩大化。具体表现为：运行由政府单方面管理向企业、社会、团体组织多方协作发展，种类由单一福利保障型向娱乐生活型、康复保健型、医疗护理型综合发展。虽然与西方发达国家相比还存在相当大差距，但这一阶段取得的成果相较以往不仅有量的积累，更有质的突破，为日后养老建筑的发展奠定了扎实的基础。

3. 当前阶段

2012 年 11 月党的十八大召开，提出"积极应对老龄化"的战略部署，这是我国老龄事业发展史上具有里程碑意义的一年。随着一系列重要老龄政策文件的密集出台，我国养老居住设施建设已步入全面深化阶段。至目前，设施类型主要包括：养老院（又称老人院或敬老院）、老年公寓、护老院、护养院、老年护理院、老年人日间照料中心（或称托老所）、老年人服务中心等，其名称繁多、类型各异，但某些称谓不同的养老居住设施实际职能却相近，彼此分工不清，分类模糊；还有一些服务机构未具备其职能应有的条件或功能，尤其是医疗护理方面的软硬件配给，给老年人的养老选择和市场的规范运作带来了诸多不便。

全面梳理中国自古代南北朝时期至今，养老居住设施的演变发展过程，见表 1-6。

中国养老居住设施发展演变　　　　　　　　　　　　　　　表 1-6

具体事件		发展阶段
营建	代表	
由帝王建立、提供医疗和收容服务的医疗型养老建筑	南北朝时期"六疾馆"；梁武帝时期"孤独园"；唐朝"悲田养病坊"	养老居住设施雏形
统治阶级着力于开展慈善事业，制定"福田院"养老制度，广泛发展慈善机构	北宋初年"福田院"；宋哲宗"居养院"，以规模较大且经营有方的苏州居养院为代表	向长期居住型转变
为了维护社会稳定、建立适宜有效的养老机构，广泛尝试和探索	孤老院→济众院→慈济堂→养济院	官办养老机构制度化
官办社会救济机构弊端凸显，社会各阶层关注慈善事业，发展为形式多样慈善机构	会馆、族田义庄、善会与善堂等，1590年"同善会"是我国现代慈善组织雏形	官办和民间联合发展
颁布一系列尊老优老法令，救济覆盖范围扩大，收养名额增加，规定救济对象、标准和经费来源	康熙皇帝倡导设立"普济堂"；起初建在北京，随后在江苏、山东等地发展起来	尊老制度达到顶峰
进入统筹保险和单位保险的国家养老保险时期，政府开始全面管理既有福利设施	城镇的国有制社会福利院，以及农村的集体制敬老院	城镇国有制和农村集体制阶段
市场经济体系建立、养老保险模式转变，呈现经营多样化、类型多元化、覆盖面扩大化等特点	养老院、老年公寓、老年人日间照料中心、老年护理院等	全面发展阶段至今

（来源：参考王洪弈《养老建筑内部空间老年人的知觉体验研究》，由笔者梳理绘制而成）

1.2.4 国内外养老居住设施对比分析

1. 养老居住设施对比研究

通过对我国与欧洲、美国和日本等国养老居住设施发展演变过程的梳理，从横向和纵向两个方面，总结得出特定历史环境下应对老龄问题的措施，以及养老建筑发展的特性和规律。表1-7以时间为尺度，对这些国家在相同历史时期、不同社会背景下的医疗与养老建筑形态，典型代表和养老服务等进行了对比分析与汇总，旨在理清养老居住设施纵向发展的规律和特性，"以史为鉴"，提炼出对养老居住设施的设计具有现实指导意义的思想方法。

国内外养老居住设施对比研究

表 1-7

年代	国家	社会背景	医	养	形态/称谓	代表
公元 400~1100年	中国	南北朝雏形；帝王建立、提供医疗和收容；唐朝推广；宋朝开展慈善事业，制定"福田院"养老制度	医疗；为流浪老人、无后老人提供免费诊视；养病	收容救助；长期/临时收养孤独有病老人；为50岁及以上孤寡老人提供长期居住	收容老人及病患的医疗建筑；武则天建造最早文字记载医疗型养老建筑；"福田院"养老机构	六疾馆；孤独园；悲田养病坊；首都汴梁东西南北四座；规模大且经营有方的苏州居养院
	日本	圣武天皇时代，弃老习俗逐渐被废止	无	在富豪家中养老	由所在地主和富户抚养照顾	《日本灵异记》记载
	欧洲	宗教机构创办，政府立法推广，为身体衰退老人服务	医疗	收容救济	慈济院	英格兰北部圣十字医院
16~18世纪	中国	制定养济标准，官办养老机构普及；顺治在位，颁布尊老优老法令，制度逐步恢复和发展	无	救济；为生活困难老病者服务；专门收养年满50岁老年贫民	社会救济机构"养济院"；会馆、族田义庄、善会与善堂等慈善机构；普济堂	源于河南、建于1590年的"同善会"是我国慈善组织雏形
	日本	中世后期至近世，村落作用越来越显著	无	保障无依靠老年人	由富豪或村落，通过邻保、地缘扶助，具有偶发性和自发性	村落"五人组"商讨解决
	欧洲	社会慈善人士筹办；1722年《济贫法》授权教区为穷人提供救济	社区小医院	提供厨房、卧室和储藏；提供生活场地。训练和监督	老年社区；济贫院/收容所	德国巴伐利亚州福格莱福利院；英国
	美国	1722年，在费城建立基督教堂医院，后发展为非营利性高级护理社区	医院基础上发展，提供基础医疗护理	为低收入老年人提供持续照顾	养老社区	凯斯利养老社区
19世纪20年代~20世纪30年代	日本	幕藩末期，老年贫困者增加，仅靠幕府不能满足需要	无	救济没有家庭的老年人	"老院"	无

续表

年代	国家	社会背景	医	养	形态/称谓	代表
19世纪20年代~20世纪30年代	欧洲	社会福利初步立法；经济萧条下老年人居住问题恶化，弃老情况发生	医院床位，包括医疗护理和预防保健服务	住宅床位；提供食堂、娱乐室	复合型/大型养老居住设施；床位400~800，双面布局	丹麦哥本哈根老年人村和索伦；丹麦市区中高层
	美国	开始靠社区、私人救济，后由自愿组织创办；社区管理步入正轨，社区照顾发展；1933年《社会保障法》	为阿尔兹海默病老人提供医疗护理；业余性护理（医疗护理和预防保健）	救济和社会化管理，照顾型养老；接纳有收入老年人，设施环境人性化；业余性养老服务	济贫院，精神病院；专为商船退休水手而建的养老社区；社区服务中心；私营护理之家	（济贫院）纽约率先设立。远离城镇、靠近农庄；（养老社区）纽约斯塔滕岛
20世纪40~70年代	中国	对于既有福利设施，政府实行全面接管	敬老院实行保医、保葬	照顾革命老人和孤寡老人；对缺乏劳动能力、没有依靠者实行五保	城镇的国有制社会福利院；农村的集体制敬老院	无
	日本	二战后制定社会福利事业法，创建养老居住设施；1963年颁布老年人福利法；20世纪70年代制定"5年计划"兴建设施；鼓励居家养老提供援助	无	援助型基本养老，维持自立生活；日常生活照顾、休养；地方自治体或民间为老年人提供上门洗浴护理和家政服务	养老院和付费型养老院；老人护理之家和特别护理中心、老人休养中心等利用设施；老年人福利中心、短期收容中心和日间护理中心	无
	欧洲	英国颁布《国民救助法》，慈善机构兴办；集中养老居住设施向住宅转变；1969年英国划分老年住宅，进入社区护理阶段	护理治疗；护士服务；24小时看护，康复治疗，疾病防治、健康促进	集中养老；收留身心老化老人；合居模式；公寓式居所	集中式护理之家，由慢性病医院发展而来；老年医院；小型老年人之家；有医疗服务的老年公寓	大部分在郊区；博维斯公司和伯明翰大学合作的高龄老年人医疗服务公寓
	美国	日趋完善；专业机构和非专业社区照顾相互补充；从早期非营利性发展为商业性老年建筑，社区护理	提供上门护理服务	为符合年龄标准的老年人提供养老服务；除住宅外，还有商店、邮局等配套养老服务设施	有年龄限制的养老社区（退休社区），多数为单个或两个卧室的套间，面积较小；老年社区	亚利桑那州马里科帕县养老社区杨格镇；戴尔韦博开发的太阳城
20世纪80年代至21世纪初期	中国	养老保险模式转变、老龄化社会迈入，老年人建筑水平达到中国近代以来最高水平	医疗护理、康复保健	基本养老服务、生活起居、娱乐休闲	娱乐生活型、康复保健型、医疗护理型	无

续表

年代	国家	社会背景	医	养	形态/称谓	代表
20世纪80年代至21世纪初期	日本	《老年人保健法》；1989年推出黄金计划；后对福利法修正，设施与医疗融合；2000年，实行护理保险法	机能康复训练、专业护理；治疗护理、保健疗养；保健康复	看护；日常生活照顾、社区养老服务；日常照护	老人保健设施；关怀中心、老年人生活福利中心、社区老人中心，老人医院、疗养型医疗中心等	无
21世纪以来	中国	重要老龄政策密集出台，养老居住设施建设步入全面深化阶段	健康保健、康复护理	生活起居、娱乐休闲	养老院（老人院或敬老院）、老年公寓、老年日间照料中心、护老院、护养院等	无
	日本	社会保障体系相对完整，包括养老金保险、医疗保险和照护保险	长期护理及医疗照料，术后护理、慢性病康复	日常照护，休养，日常照顾与生活辅助	照护型医疗设施；康复训练设施；社区为居家养者提供日常生活及护理照顾	无
	欧洲	较为完善的老年保障体系和社会经济体制	门诊结合医生上门巡诊，提供医疗服务，24小时医护	居住、公共活动，日常生活照护	老年公寓和养老院，为高龄介护老人提供老人之家，护理之家，中长期老年医院	英国、法国、北欧
	美国	社会保障制度完善，使其多为划分细致、服务周到的设施养老	完善医疗护理，地方医院和区域医院，提供特别护理	为自理老人提供居室和简单公用设施，老人集中居住	自护型老年公寓，助护型养老院和护理院，特护型护理院，综合型老年养生社区	以老年养生社区为代表

（来源：参考王洪弈《养老建筑内部空间老年人的知觉体验研究》和陈喆《老龄化社会建筑设计规划——社会养老与社区养老》，由笔者梳理绘制而成）

2. 养老居住设施发展规律

从国内外养老居住设施的对比研究可以看出，设施类型和规模会随着时代进步而不断发展，也呈现一定的发展规律：首先，欧美和中国的养老居住设施雏形都是基于医疗建筑演变而来，通过收容、救治贫弱老人维持社会稳定，解决基本社会养老问题，这说明自古以来，"医养"就是紧密结合的。而后，随着社会环境的变化和老年人群体的增长，出现了提供长期居住功能的真正意义上的养老设施；其次，发达国家养老居住设施的规模和布局，大体呈现由初期大规模集中式向小规模分散化演变的趋势，并且大多植根于社区中，通过完善相关服务体系进一步巩固居家养老的重要地位，养老载体从设施化开始向住宅化过渡。

从国外发达国家养老居住设施的发展现状可知，国家大都具备较为强大且完善的社会保障制度，即由医疗保险、养老保险和照护保险构成的三位一体的网络体系。其中，医疗服务基本被划分为三个层次，呈现由初级、二级、三级构成的从非急性一般门诊到针对急诊、提供专科治疗再到针对特殊疾病、提供专业化护理的层层提升的金字塔状结构。针对健康自助型老年人建造的养老居住设施，着重提供日常照顾与生活辅助服务，医疗方面，会组织医生定期上门巡诊，加之与医院建立的转诊合作关系作为坚实后盾，对于老年人而言，在设施内进行医养结合的需求不是那么迫切。而对于介助和低龄介护老年人服务的养老居住设施，则侧重康复保健和专业护理的服务，旨在尽可能恢复和加强身体机能，促进老年人交往活动、提供精神慰藉等"养"方面的功能弱化。进入高龄介护阶段或患病的老年人，是以急救治疗和长期照护为主，其设施实质已由养老机构转为老年医院。

相比之下，我国社会保障体系尚处在起步阶段，照护保险缺失，医疗与养老保险各自独立、毫无关联。加之国家对医疗卫生事业投入的不足，医疗资源基本集中在城市大型医院，层级划分已无实质功能。因此，在解决医养问题时必须扎根于我国的现实国情，针对最需要医养服务的夹心层老年人[①]，在衔接机构与家庭养老的社区层面建设集医疗护理、康复保健、休闲娱乐为一体的复合型养老居住设施。

1.3 我国养老居住设施的发展现状

针对不断增多的居家养老有困难的老年人，政府投入了大量资金修建养老院、老年公寓等养老居住设施，同时也鼓励一些民营企业参与养老居住设施的开发建设。养老居住设施，在减轻老年人家庭负担的同时，可以提供专业、科学、及时的服务。然而目前，这些设施无论从"量"还是"质"上都与老年人的实际需求有着较大差距。下面分别从选址布局、户外环境、室内环境和相关服务四个方面简要阐述养老居住设施的发展现状，以全面了解服务载体的能力与条件。

1.3.1 选址布局

从近年来一些城市养老居住设施的建设状况看，受土地价格、建设成本以及环境条件诸因素的影响，养老居住设施"郊区化"建设趋势比较明显。面对日益加剧的老龄化问题，建设大体量、集中式的养老居住设施似乎成了最快捷的解决方式，但这些设施往往未能根据老年人口分布和实际需求合理规划。不仅如此，老年人常年生活的空间格局、生活方式和生活内容被异化，取而代之的是单一化、程序化和被动式的兵营生活。这些突变对于老年人的身心健康来说无疑是巨大的伤害，很容易导致入住到养老居住设施中的老年人既远

---

① 解释说明：处于"自主期"的老年人以颐乐教育为主，"终末期"老年人以关怀救治为主，介于两个阶段之间的部分及全面援护期老年人则以"医养结合"为重。本研究将其定义为"老年夹心层"阶段，是处于老年人生命周期中，需要依靠外界援护周期最长的，占总人口数量最多的老年群体。

离亲缘关系又失去了原有的地缘关系，在陌生环境中老年人易于产生寂寞与孤独等精神上的新问题。同时，这种选址模式也不利于资源优化配置。老年人原本生活在由各种社会关系和城市基础设施构成的环境中，可享受该区域及其周边的所有资源。然而，目前很多养老机构的郊区化建设，完全是从零开始构建老年人需要的居住条件，所形成的陌生环境给老年人带来了诸多不便，极大降低了养老居住设施的使用效率，也造成了社会资源的不合理调配与浪费。现实的情况是，这种养老居住设施建设模式受到大多数人的冷遇。

1.3.2 户外环境

户外环境是养老居住设施的一个重要组成部分，是老年人居住行为的外部延伸，它为老年人接触自然、散步、集会、休闲健身和园艺栽植提供了开敞空间。从大量实地调查可以看出，目前我国养老居住设施的户外环境存在诸多不足，主要体现在：

（1）景观设计方面，绿化覆盖率低、生态效益差。大部分养老居住设施的户外场地以硬质铺装为主，绿地面积较小，绿地种植面积低于国家相关标准。此外，还存在着绿化布置形式重于功能、景观类型单一、植物结构层次单调等问题。

（2）设施配置方面，环境设施设计不合理、无障碍考虑不到位。受访老人多认为目前户外环境设施在设计上常常走形式主义和大众化路线，未能充分了解使用者的活动特性。地面铺装、座椅、户外标识、扶手栏杆等都没有针对老年人生理心理的特殊性来进行针对性设计，造成相关设施利用不佳。

（3）功能分区方面，结构功能单调、缺乏层次和多样性。老年人由于年龄、生活习惯、身体状况、个人爱好等差异性，必然会导致心理需求的多样化和活动形式的多样化。为了全面满足老年人需求，养老居住设施的户外环境功能分区也应实现多样化。然而目前以休闲空间布置最多，普遍缺乏合理有效的功能分区，导致老年人活动时常会有相互干扰的现象。无法调动老年人的主动参与性，同时还会埋下一些安全隐患。[①]

1.3.3 室内空间

在空间组织上，现有养老居住设施大多只是对宾馆、医院等建筑的简单照搬，存在片面追求"宾馆化"和"医院化"的倾向，老年人容易产生孤独寂寞的情绪。为了尽可能提高服务效率，设施多布置可容纳4~6人一间的居室，在这种居住条件下，充分考虑每个老年人的私密性，以及不同健康状况老年人之间的干扰性至关重要。然而，实际设计和使用当中却未能完全保障他们的这些需求和特性。除此之外，大部分设施中的棋牌室、阅览室、健身房等公共空间的设计，并未真正从老年人的实际需求出发，利用率往往很低，使这类本该凝聚老年人交流、活动的场所未能发挥它的作用。餐厅基本采用大规模集体用餐的方

---

① 陈东燕.老年公寓户外环境研究[D].咸阳：西北农林科技大学，2011。

式，在规定时间内完成每日三餐的行为活动，缺乏家庭般亲切宜人的环境氛围。[①]

在功能构成上，设置与老年人日常生活内容相对应的空间。大多数养老居住设施的构成不是从使用对象的健康状况和居住需求出发，而是统一化的由多人共同生活的居室、集中式餐厅、各种娱乐活动用房以及相应的后勤辅助用房等组成的模式，缺少供老年人康复锻炼并接受援护服务的各类空间，这对于自理能力较弱或需要长期护理的老人来说是非常不利的。应当基于不同自理能力老年人的照护需求、生活方式和行为习惯，结合管理运营方式和护理保险制度的相关规定，确定养老居住设施的功能构成、使用面积及相应的人员配置等。视养老居住设施为社会可持续发展进程中非常重要的组成部分，以人性化、亲切化和差异化的养老居住需求为本，而不仅仅只是逐项落实无障碍设计标准。

在物理环境上，由于老年人对健康的重视和自身身体机能的衰退，较之青年人和中年人而言对室内物理环境要求更高。[②] 它们实际反映了老年人对于健康养老在心理和生理层面的诸多需求，主要体现在日照、通风、采光、噪声、热舒适性和空气质量等方面，特别是体弱多病的老年人在室内活动时间较长，其居室应保证充足的阳光、良好的自然通风和采光、安静的声学环境、适宜的温度与湿度以及新鲜的空气等。然而目前，养老居住设施的空间设计多以提高服务效率、节约建设成本为前提，而且对老年人对物理环境的需求即成为非标准化的选择项甚至遗漏项，也就造成了很多设施在建成后，未能给入住的老年人带来舒适感，严重的甚至诱发其他疾病的不良后果。中国幅员辽阔，各地区气候和生活习惯差异大，养老居住设施的具体做法也不尽相同。应当是在满足老年人最基本的生理、心理需求的基础上，结合不同地域的差异性进行复合化设计。

1.3.4　相关服务

目前我国养老居住设施的服务对象、服务内容和范围并没有准确反映现阶段老年人的实际需求和身心特征，难以做到让入住的老年人得到亲情化、专业化的全方位服务，其原因在于设施的硬件环境、服务水平和管理模式都还与老年人的养老生活需求有着较大差距：

（1）设施规模超大化：目前我国城市养老居住设施的规模普遍偏大，很多都在几十甚至上百床位以上。大规模化虽然有利于缓解设施数量不足，提高管理效率，降低运行成本，但这种大规模、效益化下的养老居住设施存在着无法解决老年人因年龄、文化程度、收入状况以及性格差异所带来的个性化需求等问题，难以实现亲情化的养老服务。

（2）空间功能雷同化：老年人的养老生活除了基本居住需求外，满足老有所乐、老有所为也是设施服务的重要内容。目前大多数养老居住设施内部功能形式雷同，多以食、寝空间为主，辅以阅览室和棋牌室等一般的活动空间，从内容到形式都过于单一化，难以满

---

① 李斌. 中国养老设施的发展现状、问题及对策[J]. 时代建筑，2012（06）：10-14.

② 周燕珉. 老年人对室内物理环境的需求[N]. 中国房地产报，2013-08-05（B04）。

足老年人精神和文化生活的多样性需求。

（3）援护服务简单化：根据调查显示，现有养老居住设施着重为老年人提供最基本的生活照料等服务，缺少专业的医疗照护和紧急救助的功能，缺少针对养老居住设施提供服务的标准以及健全的管理规章制度，具有专业护理知识的工作人员严重缺乏，设施服务岗位大量聘用的是临时员工，服务内容简单，缺乏根据老年人身体状况进行的有针对性的服务。[①]

（4）管理模式单向化：仅从管理者角度考虑老年人的安全及管理上的便利，缺乏从使用者角度切入，尊重老年人自主生活的需求和特性。这种"兵营式"照料方式完全支配着每个老年人的日常生活，使他们丧失了对生活内容的自主支配和居住环境的选择权。

1.4 老年人医养结合需求不断增长

1.4.1 现实和道义之间，社会规则

在传统社会中，家庭是一个独立的经济单位。老年人掌握经济大权、紧密联系家庭成员而稳居一家之主，当他们丧失劳动能力或生活不能自理时，家庭成员理所应当承担起对老人的赡养和照料工作。然而，在经历了巨大社会变革之后，家庭的内涵和意义发生变化，老年人在家庭中、社会中的核心地位被逐渐边缘化。在这样的现实背景以及老龄化进程不断施压的语境下，对于养老居住设施的营建无疑是雪上加霜。这是挑战同时也是机遇，在社区设施的规划设计中若能充分体现对老年人的关怀，切实从他们的需求和利益出发，进一步巩固居家养老的核心地位，那么建筑就不仅是改善老年人生活品质的实施手段，更是树立良好社会规则的宣传媒介。

1.4.2 分离与整合之间，经济形态

伴随社会化养老模式的发展，养老相关资源的配置问题随之产生。就目前来看，不仅存在空间分布的差异性，不同资源之间还存在严重脱节的问题，医疗资源与养老服务资源的分离一直困扰着需要长期医疗护理的老年人，从而陷入了设施经营成效不佳，老年人得不到急需服务，经济资源浪费的困境。对养老居住设施进行多元化、复合化、开放性的规划布局，即是对城市不同区域层级、不同类型资源进行整合优化、带动区域发展的有效途径。

1.4.3 漠视与重视之间，认知价值

传统养老美德在老龄化进程加速的今天，没有得到进一步弘扬，倒有渐渐被忽视、被淡忘之势，这为推进养老事业的发展又添一大障碍，甚至影响了社会的稳定发展，值得深

---

① 周典，周若祁. 构建"社区化"城市养老居住设施方法研究[J]. 建筑学报，2009（S1）：74-78。

思。首先，应当给予养老问题足够的重视，在观念上重塑敬老孝亲的思想美德；其次，重新审视养老问题，由一味被动接受转为积极应对，将原本视为负担的老龄化转为动力和契机，进而带动社会的文明进步和经济发展。

1.4.4　需求与供给之间，市场定位

经济合作与发展组织数据显示，65 岁以上人口医疗费用是 65 岁以下人口的 2 ~ 8 倍。过去 10 年间，我国老年人医疗费用增加 3 倍，到 2030 年，我国老龄人口疾病费用比例将占卫生总费用的 62%。老年人过去 10 年门诊治疗利用率从 27% 增加到 49%，住院利用率和护理需求量也在增加。老年人的健康需求与普通人相比更频繁，更紧迫，也更难调适。老龄人口消耗众多医疗卫生资源已是现实，但现有资源远未满足老年人的健康需求。2013 年，我国康复医院仅 376 所，护理站 68 所，疗养院 183 所，护理院 105 所。康复医院各类工作人员总计仅 2.8 万人，医生护士总计仅 1.4 万人；全国所有护理院的医师和护士加起来不到 3000 名，只有 1.5 万张床位。与 14 亿人口总量相比，我国老年护理能力尚不成比例。而如此有限的资源还存在地区分布不合理、筹资制度缺乏安排等问题。[①] 与此同时，养老机构医疗能力十分薄弱。从《全国城乡失能老年人状况研究》可以看出，目前在养老机构中，配备有简单医疗室的机构不足六成，其中民办养老机构为 56.0%，政府办养老机构为 52.1%；而配备康复理疗室的机构不到 20%。22.3% 的养老机构既没有单独的医疗室，也没有专业医护人员和相关设备。生活护理和医疗护理密不可分，这直接造成老年人自理能力和健康状况陷入困境时得不到及时治疗和护理。[②] 以北京为例，全市 400 家养老机构中，仅有 62 家机构内设医务室，其中有 36 家纳入医保定点，[③] 难以满足老年人慢病诊疗和大病康复的需求。

以上从社会规则、经济形态、认知价值和市场定位四个方面论述了养老居住设施营建的外部特征，旨在更理性、更全面地了解建设的环境现状和条件，更好地指导建筑在老龄化语境下的规划与重写。

---

① 季晓莉. 应对老龄化：医养怎么结合？ [N]. 中国经济导报，2016-01-08（A03）。
② 中国老龄科学研究中心课题组，张恺悌、孙陆军、牟新渝、王海涛、李明镇. 全国城乡失能老年人状况研究[J]. 残疾人研究，2011（02）：11-16。
③ 陈荞. 明年全市养老机构均可看病 闲置设施改建养老机构将"开绿灯" [N].京华时报，2014-08。

2 医养结合的可行性分析

2.1 关键学科的支撑与运用

将涉及医养问题的关键学科理论进行归纳整合，主要包括医养发展的研究范畴、融合的演化动力以及实施操作的指导平台（图2-1）。

2.1.1 医养发展的研究范畴

与医养发展背景相关的学科理论是问题研究的基本框架和重要前提，涉及养老环境和养老主体两方面，前者包含人居环境学和社会学，后者主要涵盖老年医学、护理学、心理学，下面就这些学科重要观点进行简要论述：

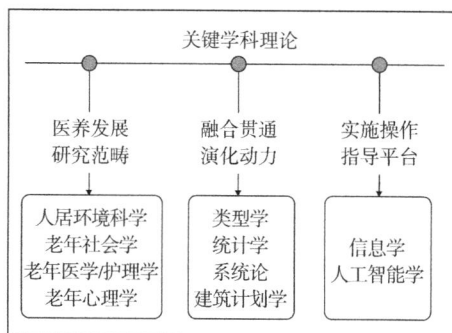

图2-1 关键学科理论支撑

（1）人居环境科学：是一门以人类聚居为研究对象，着重探讨人与环境之间相互关系的科学。[①] 随着我国老龄化的日益加重，老年人群所占人口比例逐步提高，也由此引发一系列问题。基于此背景，针对老年人与其生活环境进行翔实调查和深入研究，将有助于营建良好的人居环境并推进养老事业的发展。

（2）老年社会学：是运用社会学的理论和方法研究人口年龄结构趋于老龄化和进入老年型之后，老年社会问题及其变动规律的科学。[②] 它既是老年学的组成部分，又是社会学的一个分支学科。老年人是社会中的必要组成部分，其物质生活和精神生活与其社会环境中的诸多因素都息息相关，且互相影响。因此，在研究养老问题时，不能抛开社会因素，将老年人群孤立于社会之外。

（3）老年医学、护理学：老年医学是老年学四大分支学科之一，也是医学科学的一个组成部分。随着时代的进步，其研究范畴也逐步扩大，覆盖预防保健、疾病诊疗、康复护理，如老年基础医学、老年临床医学、老年流行病学、老年预防医学等。[③] 老年护理学的核心是以老年人生理、心理、社会文化和发展角度为切入点，研究外界环境（自然、社会、

---

① 吴良镛.人居环境科学导论[M].北京：中国建筑工业出版社，2001。

② 陈涛.老年社会学[M].北京：中国社会出版社，2009。

③ 概念来源：百度百科，http：//baike.baidu.com/view/800542.htm。

文化教育）和自身状况（生理、心理）对老年人健康的影响，用护理手段或相应措施提高老年人健康水平。熟知并掌握这些学科的基本概念和重要原理，利于全面了解老年人的健康状况和患病特征，有效进行老年综合评估，从而针对性指导养老居住设施的规划布局和建筑设计。

（4）老年心理学：是研究个体和群体成年以后增龄老化过程的心理活动变化、特点、规律的一门科学，属于发展心理学分支学科，又称老化心理学。涉及老年人的感知觉、学习、记忆、思维等心理过程，以及智力、性格、社会适应等心理特征。[①] 老年人心理健康和身体健康同等重要，两者紧密联系且相互影响。深入了解老年人的身心状况和需求，是推进养老事业发展的重要前提。

2.1.2 医养融合的演化动力

推动医疗和养老进一步融合需要相关学科的指引，诸如支撑医养设施不同形态发展的类型学，为科学设计进行充分研究和调查准备的建筑计划学，对问卷调查进行权重分析的统计学，以及指导建立层级化、全面性复合型养老服务体系的系统论：

（1）类型学：所谓类型，是一种分组归类方法的体系，其组成成分是用假设的各个特别属性来识别，属性彼此之间并无关联但集合起来却又包罗无遗。借助这种方法整合相关要素使之建立有限关系，利于准确把握事物发展的方向。将这门学科运用到医养设施的建设中，通过前期调查与分析进行归类，探讨相应情形下适宜的营建导则和策略方法，从而构成相对完整、系统化的医养目标体系，是本研究非常重要的基础工作。

（2）建筑计划学：是现代的计划科学与建筑科学相交叉而产生的新兴边缘学科。生活是建筑产生的原点。建筑计划学就是专门研究人们的生活行为与建筑空间相关关系的学问，理性、客观地去了解、分析、评估来发现问题和认识问题，以科学的调查方法和分析方法来研析问题的现象与本质，获取基本资料及数据为随后的设计提供合理的框架。本研究当中，从医养课题的产生、研究边界的确立，到目标体系的构建、适宜策略的提出，都是遵循建筑计划学的核心思想，有步骤、连续性地建立学术思维，进而设计出符合老年人需求的可持续性建筑。

（3）统计学：是通过搜索、整理、分析数据等手段，以达到推断所测对象的本质，甚至预测对象未来的一门综合性科学。本书将回收的专家调查问卷进行一致性验证，并加以权重分析与汇总，进而指导医养服务体系的建构，以弥补以往研究多以定性为主，结果不精确、难以分层级的缺陷。

（4）系统论：是用数学方法定量地描述其功能，寻求并确立适用于一切系统的原理、原则和数学模型，集科学理论与科学方法于一体，具有逻辑和数学性质的一门科学。以系

---

① 概念来源：百度百科，http://baike.baidu.com/view/72949.htm。

统论为本书的理论基础和指导方法，在开放性、复杂性、关联性、等级结构性以及动态平衡性等基本原则下，将原本孤立的各要素进行整合形成有机整体，使其充分发挥各组成部分的作用。

2.1.3 医养实施的指导平台

完成了研究边界和条件的确立以及医养目标体系的建构，接下来，需要借助相关学科提出复合型养老居住设施具体营建的导则策略及技术方法，包括指导空间布局和功能配置的建筑学、城市规划学，建立信息网络化、设备智能化的信息学和人工智能等等。

（1）信息学：是研究信息的获取、处理、传递和利用的规律性的一门新兴学科。[①] 面对日益复杂的信息文明和短缺且分布不均的资源，在养老居住设施的营建过程中，若建立网络信息系统和资源管理系统，可实现信息的快速传递和信息资源的共享和互动，从而大幅度提高养老和医疗服务及管理运营的效率。

（2）人工智能：是研究、开发用于模拟、延伸和扩展人的智能的理论、方法、技术及应用系统的一门新的技术科学。[②] 为了提高老年人的生活质量和医护人员的服务效率，在医养设施的布局中设置智能化辅具及相关设备至关重要，如智能移动辅具、智能家居与环境控制辅具、智能生活辅具等，可补偿或改善老年人的活动功能，提高老年人社会生活的参与能力。

图2-2 堂屋中的孝道文化
（来源：昵图网，http://www.nipic.com/show/1/45/4980781k647ef907.html）

2.2 意识形态特征及需求影响

2.2.1 中国传统文化中的养老思想

百善孝为先。孝是中华民族最古老且神圣的道德规范，在中国有着源远流长的历史文化和深厚的社会基础。孝老敬亲是传统孝道的基本内涵，是人类家族血缘关系在伦理观念上的反映（图2-2）。孝是养的前提，养是孝的体现，在中国古代典籍的记载及人们的传统观念中，二者始终密切相关。孝的倡导与实行，一方面是家庭内的亲情需要。赡养双亲是为人子女应该履行的义务，是他们表达爱亲敬亲的情感需要；另一方面，也是自然生态法则和社会伦理道德所决定的。几千年来在中国传统社会中，养老思想和养老制度起

---

① 概念来源：百度百科，http://baike.baidu.com/view/490376.htm。
② 概念来源：百度百科，http://baike.baidu.com/view/2949.htm。

到了较好的保障老年人生活、凝聚人心、维护社会和谐稳定的功能。在当代，社会环境、家庭结构、人们的生活方式和养老观念较以往都有较大改变，不过，以孝为核心的养老思想仍然是处理和协调亲子关系，保障老年人的合法权益，维护家庭和睦，保持社会稳定所必需的一个重要方面。

这种以儒家孝文化为传统的赡养方式，两千多年来一直由家庭单位直接承担，早已深深根植于中华大地，渗透到国人的思维之中。在社会经济高速发展的过程中，家庭传统养老功能尽管面临着冲击和弱化，但其主导地位和发展方向不曾动摇。从我国积极倡导构建的"9073"（90%的老年人在社会化服务协助下通过家庭照料养老，7%的老年人通过购买社区照顾服务养老，3%的老年人入住养老服务机构集中养老）养老格局可以看出：不论是政策导向，还是养老意愿或发展趋势，以家庭为载体的养老模式仍将是我国在相当长时间内的发展主体。[①]

2.2.2 老年人不同生命周期特征及需求

正如前文所述，老年人自步入老龄到濒临离世，其生命周期大致包括四个阶段：自主期→部分援护期→全面援护期→终末期。[②] 每段对应着不同生活能力和身体状态的老年人，分别为：自理老人、介助老人、介护老人和临终老人。全面了解服务对象的特性和需求，是展开研究的必要前提。马斯洛需要层次理论精准地提炼出了人的所有需求（图2-3），当然也涵盖了老年群体的意愿，但老年人又不简单是一个群体的代名词，而是由每个鲜活的、个性不一的生命体构成，可以说是社会的一个缩影，决不能以一概全地认识和解决与其相关的各种问题。

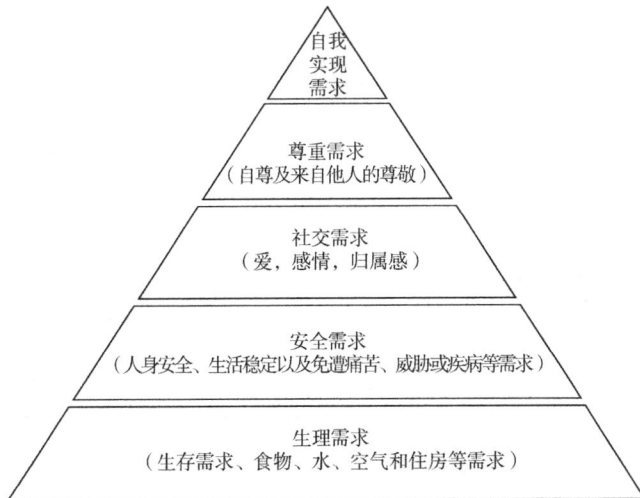

图2-3 马斯洛人类需求五层次

（来源：360doc 个人图书馆，http://www.360doc.com/content/14/0712/21/11477678_393970336.shtml）

---

① 中国钢研科技集团有限公司 丁小苊. "9073"社区居家养老格局渐成主流[N]. 科技日报，2011-04-14（011）。
② 张进，陈泉安.老年公寓的类型探讨[J].山西建筑，2004（19）：28-29。

处于自主期的老人,大多退休不久且身体状况良好。社会角色和社会地位的明显转变,使他们易产生失落感、孤寂感和自卑感。他们更渴望回归社会,发挥自己的余热,也更关注保健养生、健康锻炼和社会交往等。针对这一时期的老人,首先应树立"有备而老"的健康养老观念,以社区为载体进行与老年健康相关的宣传、教育,设置便于老年人使用的健身空间、养生场所,同时充分认可这些老人的工作能力和社会贡献,尊重他们每个人的性格特征和兴趣爱好,通过塑造并完善舒适、安全,且利于老年人交往的空间环境,促进他们参与各种社会活动。临终老人,即身体机能或所患疾病无法以现有的医疗技术治愈的特殊群体。不过,临终不等于等待死亡,而是一种特殊类型的生活。对这些老人应当进行全面且积极的精神关怀,辅以适当的医疗或护理,以延缓疾病的发展、减轻病痛。①

基于本研究对象和目标的定位,下面将重点了解部分援护期和全面援护期两个阶段老年人的生理机能、价值观、偏好等特殊性,分析研究他们的内在需要。

1. 部分援护期——介助老人的特性与需求

该时期以介助老人为代表,即生活行为需要依靠扶手、拐杖、轮椅和升降设施帮助的老年人。② 随着年龄的增加,老人的社会活动有所减少,各种器官储备能力也逐渐降低,开始面临明显的生理机能的衰退。这一阶段的老人对康复保健和护理、辅助设备和器械的要求较高,同时又渴望尽可能参与社会活动,保持与社会不同群体的沟通与联系。针对这个群体的老年人,即应从物质和精神两方面着手,通过建设全方位的保健护理的服务和设施,以及可选择的参与方式和活动内容,提升他们的生活质量。

2. 全面援护期——介护老人的特性与需求

这个时期的老人必须依靠全程的医疗或护理而生活,为介护老人,即生活行为需要依赖他人护理的老年人。③ 进入全面护理期阶段,老人生理和心理机能进一步下降,他们对外部环境不利因素的反应能力和疾病的抵抗能力都大大降低,会出现各种慢性病、伤残、痴呆、生活不能自理和卧床不起等失能失智现象,是健康非常脆弱、对社会设施依赖性很强的群体。此时的老年人基本丧失了自主能力和独立意识,需要得到全面且细致的长期照顾。针对这些老人,应当依据病患类型和老年人个体差异提供相应的分层级、分类型的援护和急救策略。

以上都是围绕老年人不同生命周期的特征和需求展开的,作为为老年人提供庇护服务场所的建筑师,应当以这些为准则贯彻于策划、设计、规划的整个过程。只有同时从老年人生命长度和厚度这两个维度建设老年居住环境,才能从根本上改善老年人的生活,缓解社会和家庭的压力。

---

① 百度百科:临终关怀,http://baike.baidu.com/view/191355.htm。
② 中华人民共和国民政部.MZ008-2001老年人社会福利机构基本规范[S].2001.
③ 中华人民共和国民政部.MZ008-2001老年人社会福利机构基本规范[S].2001.

2.2.3 医疗需求对养老环境建设的影响

通过对养老居住设施发展演变的全面梳理,不难看出医疗功能在其演化过程中所处的重要地位,但"医疗"在各个时期所扮演的角色却不尽相同。最初的养老居住设施由医疗建筑发展而来,以收容救治残弱孤苦老人、稳定社会秩序为目的,医疗发挥主要作用,但也仅仅体现在最基本的功能层面上。而后,伴随着时代的进步,设施的功能随之完善,医疗的内涵也逐步扩充,延伸至专业护理、预防保健和康复训练等等,即从维持生命的"生存阶段"走向享受生命的"生活阶段"(图 2-4)。不过,如今的养老问题异常复杂,不能简单从设施的功能或类

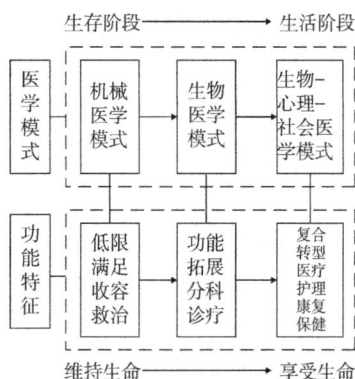

图2-4 医疗内涵的转变

型断定其优劣。老年人寿命较过去有大幅度提升,但在更加复杂的全新环境下又衍生出一系列新型疾病和危险要素,亚健康老年人比例不断攀升,这就意味着老年人对医疗护理方面的依赖性逐步增强。这一需求在养老居住设施医疗功能的演化中有所体现,然而,真正能发挥其医护作用的设施数量与老年人需求量相比差距甚远,亟待全面提升。

这就需要了解医疗需求到底如何影响养老居住设施的营建,经过研究分析,可大致归为以下几个方面:首先,在建筑设计上,考虑如何进行相关功能的配置,与其他空间如何建立联系,在功能空间附加之后进行整体调整和优化;其次,在环境塑造上,需要考虑医疗工作的特殊性,可从室内装饰装修、物理性能到与其他空间环境和室外环境的关系方面着手;最后,是医疗资源的供给方面,需要结合既有或周边资源现状,从人力、物力到财力,合理配置适宜的医疗资源。

2.3.4 社会化养老认知及其接受度

受儒家思想的影响,中国传统的家庭养老方式已根深蒂固,更是深入老年人内心。然而,面对当今复杂的养老环境,家庭养老功能已逐步弱化,与之相对的社会化养老逐渐步入人们的视线,对于接受这种新型的养老模式,老年人及其家庭似乎还未做好充分的思想准备。可见,重新树立现代健康的养老观,深入理解社会化养老的概念是当务之急。社会化养老区别于家庭养老的核心在于养老功能的外移,体现"养老资源提供者"和"养老职能承担者"相分离,反映了政府、社会、家庭和个人在养老问题上的一种分工和契约。具体来说,社会化养老是以社区和养老机构为主要载体,由家庭、社会和个人提供资源,社区或机构提供服务的网络体系,与家庭养老之间具有功能互补的特点(图 2-5)。所以说提出并倡导社会化养老,不是对家庭养老的否定而是补充,选择这一模式也不是一成不变而是随着老年人的身体状况动态调整。

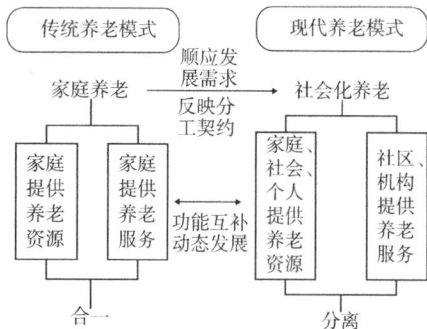

图2-5 家庭养老与社会养老相关关系

从已有研究可知,除传统家庭养老之外,老年人对养老方式的需求从意愿程度上看,由高到低依次是居家养老、社区养老和机构养老,与国家提出的"9073"养老格局相吻合。当然,这也是基于不同生命周期老年人的自然选择。对于介助、介护老年人来说,需要日常生活护理、专业医疗康复护理时,他们更乐意接受在社会化服务协助下以社区为载体获取照顾服务的养老方式,不仅满足他们的生活照料、医疗需求,更关键是可以在老年人熟悉的生活环境中获得归属感、认同感。

2.3 物质形态演化及政策干预

2.3.1 养老模式演变与建筑设计关系

随着社会发展形态的演变和城市化、全球化进程的加速,建筑业也随之发生巨大的变化。与老年人生活关系最为密切的住宅格局就产生了彻底性改变。单层、低层的房屋转为多层、高层的建筑,合院式民居变为单元式的套房(图2-6)。曾经的聚落则被如今规模不等的各种社区取而代之,适于交往的胡同、街巷也几乎消失殆尽,变为尺度过大的空旷场地亦或空间局促的交通过道,这些变革在很大程度上影响着我国传统家庭养老的重要地位。关于养老机构的设计方面,近几十年发展主要体现在建设数量的大幅度提升、类型多样化,但整体呈现规划欠妥、资源配置不均、重要功能彼此脱离等一系列问题。这些变化对老年人生活产生的影响主要包括以下几个方面:

(a)传统合院民居

(b)现代单元住房

图2-6 居住建筑模式的转变

(来源:汇图网,http://www.huitu.com/photo/show/20140708/163722737326.html;地产中国网,http://house.china.com.cn/bookview_484685.htm)

1.传统文化和规范在建造活动中渐渐被遗忘

传统文化和社会规范深深根植于人们的心里，约束着人们的行为，进而维持着和谐的生产和生活秩序。而任何文化的产生、流传及发展少不了将其蕴含于自身的载体，建筑就是文化的载体。如今，传统住宅的格局及其社会文化效力正渐渐淡出人们的视线，迎面而来的是高速发展的经济技术、优越的物质条件及良好的住房设施，可这些并没有改进人与人的关系，反倒拉远了彼此的距离。传统的家庭关系和社会关系似乎随着传统建筑文化的逐渐衰退而越发脆弱，脱离村庄，离开邻里，各种道德观念的约束力就容易丧失。人与人之间的疏离、冷漠变成了常态。"养儿防老"的传统思想，在一定程度上受城市跨越式扩张和建筑设计变革的影响，在新的语境下开始发生变化。这对依靠家庭养老的老年人来说是不小的打击。而这种养老思想也潜移默化影响着养老机构的发展，认为老年人是弱势群体，是家庭和社会的负担，在这样的观念下，如何创建真正适宜老年人生活的人性化空间环境？

2.快速城市化给老年人生活带来诸多影响

城市肌理的重组和住宅格局的改变使老人们被迫远离原有的生活环境和状态，面对闭塞、生硬的居住空间，疏离的邻里关系和稀少的交往场所，养老问题随着城市化的加速、建造活动的扩张日益严重。除此之外，现代住宅也给老年人生活带来诸多不利，如楼梯使用的不便性，不仅增加他们通行的危险性，同时阻碍了他们想要外出活动或与他人交往的愿望。长此以往，老年人会变得心灵孤独、精神空虚。而户外运动的缺乏和室内空间的闭塞又会对他们的身体造成严重的危害。作为弥补家庭养老不足的机构养老，在规划布局上大都选址偏远，没有过多考虑老年人对社会环境、生活环境以及配套服务的依赖性，在建筑设计上，也往往因无障碍设施不足，功能布局不合理，室内环境压抑等问题，而大大降低老年人生活的品质。

可以说，城市规划与建筑设计作为塑造人们生活环境的重要手段，反映了不同时代发展的需要和主流价值观，但由其创建的空间环境也会潜移默化改变着我们的生活方式，甚至态度和观念。因此，运用科学的方法，有计划、分步骤地进行设计对于营建适宜老年人养老的环境至关重要。

2.3.2 相关标准和规范的出台与引导

规划（建筑）设计规范是指导区域资源优化配置的重要依据，也是衡量建设现状或设施配套是否合理的标准。我国有关老年建筑和社区发展的设计规范及标准经历了从无到有、类型逐渐丰富的发展历程。自21世纪初,开始陆续出台与老年人生活密切相关的各种规范，经整合与分析，其主要内容和现状不足见表2-1所列。

养老相关规范一览

表2-1

颁布时间/规范名称	主要内容	现状不足
2001年老年人社会福利机构基本规范	设施类型齐全，对相关资源配置和工作人员职责作出规定	未明确设施的规模要求；未提出具体的设计策略
2002年城市居住区规划设计规范	加入居住区及居住小区级设施标准；为目前主要参考资料	各级设施的建设未考虑老年人的特殊需求
2003年老年人居住建筑设计标准	规定建筑设计经济技术指标，着重提出室内设计技术措施	未明确人力资源的配置
2007年城镇老年人设施规划规范	从设施界定、分级、规模、内容、配建指标上给出控制要求；增加居家养老设施配置	内容完备但实际使用率不高
2008年城市公共设施规划规范	对城市总体规划和分区规划层面的养老设施提出标准	缺乏具体类型的规定，过于简单，适用性不强
2009年社区卫生服务机构建设标准（征求意见稿）	对规划布局、项目构成、建设规模与面积指标、建筑标准等作出规定	没有针对老年人进行专项设计
2010年社区老年人日间照料中心建设标准	为半失能为主的日托老人提供日间服务，规定建设内容、规模、面积指标和有关设施	未明确服务人员、适老化设备及相关用具的配置等
2010年老年养护院建设标准	为失能老人提供专业照料服务，规定其建设内容、规模、面积指标、设备和室内环境	对失能老人未作明确界定；未明确不同规模下设施的服务半径以及相关人员的配置
2011年养老住区智能化系统建设要点与技术导则	对工程质量、住区规划、住宅性能提出建设要求，对系统功能规划进行分级，对信息网络、能耗监测、体征检测、产品应用提出实施细则	多以条目化形式呈现，未能展开说明具体的操作步骤及方法
2012年无障碍设计规范	从环境、设施、设备的规划上，保障老年人安全通行和使用便利	没有充分考虑老年人不同生命周期的特征及需求
2013年养老设施建筑设计规范	按设施功能及规模进行分类分级设计，对各类设施的服务对象及配建内容作出规定	不同类不同规模下的人员配比未作明确规定；总体看来内容完备，有待考察研究

（来源：参考汤婧婕《浙江省养老设施供需分析及规划策略研究》P12-13绘制）

通过对近十几年涉老规范的全面梳理可以看出，内容上由设计导则向实施细则发展，类型上由单一学科向多学科交叉转变，服务对象上逐渐体现对不同老年群体特殊需求的关注。其演化过程反映了社会分工的不断细化和研究层面的不断深入，对于医养导向下复合型养老居住设施的建设具有重要指导意义。

2.3.3 保障制度对养老设施建设影响

近年来，医养结合模式受到了政府的鼓励与支持。2006年10月《中共中央关于构建社会主义和谐社会若干重大问题的决定》提出：到2020年"覆盖城乡居民的社会保障体系基本建立"。2007年党的十七大报告进一步提出"加快建立覆盖城乡居民的社会保障体系，以基本养老、基本医疗、最低生活保障制度为重点，促进企业、机关、事业单位基本养老保险制度改革，全面推进城镇职工基本医疗保险、城镇居民基本医疗保险"[①]。对于选择社会化养老的老年人来说，这些政策的提出和深化无疑为保障老年人的基本生活需求，提供了稳定可靠的经济来源。近些年，经济的快速发展也推进了我国社会保障标准的提升，诸如改善退休人员的基本养老金待遇，将多发病、常见病诊疗费纳入基本医疗保险支付范围，实行门诊统筹，2011年9月"十二五"发展规划纲要提出向医疗健康、辅具配置、紧急援助延伸，鼓励兴办护理型机构，推行分级诊疗、双向转诊的医疗制度，在2013年8月国务院常务会议上提出推动医养融合，促进养老与医疗、家政、保险等互动发展，以及2013年9月《国务院关于加快发展养老服务业的若干意见》中明确提出加强社区养老、促进医疗卫生进入机构、社区和家庭，建立社区医院与家庭契约关系，其中包括支持有条件的养老机构设置医疗机构并纳入社保，支持有条件的二级以上综合医院开设老年病科、增加老年病床数量，以及探索医疗机构与养老机构合作新模式等多种途径。这些为医疗与养老的结合提供了关键性的政策导向，从而促进了全国范围内医养复合型养老居住设施的积极探索与实践。

2.4　医养模式的可行性探讨

2.4.1　个人方面：老人就医困难

中国的医疗体系存在诸多不足，最显著的则是欠缺严格有效的层级诊疗制度（图2-7）。老年人集体涌向能够提供优质医疗服务的大型综合医院，但由于患者多、床位紧，就造成了就医环境恶化、服务效率低下、老人"赖床"的困境，增加了医院的额外负担，也使得资源有限的床位资源难以得到充分利用。而老年人对医院的依赖不仅限于疾病诊治，还包括预防保健、持续照护、术后康复和临终关怀等。但目前我国医疗机构的经营

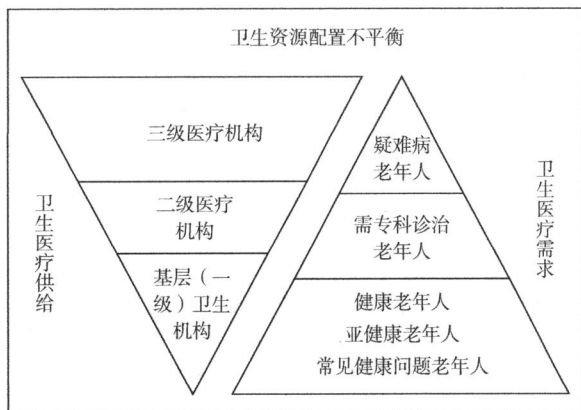

图2-7　医疗资源配置不均
（来源：百度百科，http://baike.baidu.com/view/103584.htm）

现状，还无法解决床位周转率的难题以满足老年人的多样化需求。针对于此，近些年国内部分地区兴起了一批由"老年病专科医院"转型而来的老年医院，但大多并未充分考量适

---

① 信息来源：胡锦涛在中国共产党第十七次全国代表大会上的报告，人民日报，2007-10-15。

宜老年人的功能布局和空间环境，同时，医院尚未形成针对老年人照护需求的服务模式和管理方法。

2.4.2　家庭方面：养老功能弱化

家庭养老的实质是子女养老，是代际之间存在着反哺式的财富流和信息流。近些年，养老支持力弱化、养老资源减少正在成为越来越普遍的现象。家庭养老功能弱化主要出于以下两方面原因：一是子女数的减少，即家庭结构趋向小型化、核心化；二是代际居住方式的变化，即从过去的共居转向分居，空巢家庭日益增多。① 人们的家庭伦理观念、居住方式和家庭结构的变化使传统的家庭养老模式受到挑战。而养老设施及养老服务建设却仍处于形式单一建设不足的初期阶段，其供给量与社会需求量相比严重失衡，设施之间良莠不齐，服务质量、内容和经营模式也存在较大差别，难以应对家庭养老模式变迁所带来的养老问题。②

2.4.3　社会方面：资源急需整合

正如前文所述，我国目前养老保障制度及养老建筑的发展较发达国家差距较大。那么，采取何种措施可以高效、便捷地弥补这些缺陷获取最大的回报？进行资源整合不失为最理想的手段之一。基于前期文献调查和实地访谈可知，与老年人生活最为密切的医疗和养老两大资源体系相互脱节、各自为政。若以一定的政策为支撑对二者进行适度的融合，则会大幅度改善部分资源浪费、配置不均的现状，同时满足部分老年人对医养服务的需求。医养结合模式对养老机构和中小型医疗机构的发展均有一定促进作用。对于养老机构而言，引入医疗资源便于入住老人就近享受医疗护理和康复保健服务，同时，这些服务也会为养老机构创收，带动其持续发展。从医疗机构角度来说，该模式也能为之带来新的发展契机。目前，许多中小型医院和社区卫生服务站都面临着床位利用率低、医疗设备闲置等问题。③ 根据2014年1~7月数据显示，全国三级医院病床使用率为103.5%，而一级医院仅为63.9%，社区卫生服务中心则更低，为57.7%。④ 若将这类医院部分空间改造为养老居住模块或引入养老服务机构，不仅会大幅度提高医疗资源的利用效率，也可满足失能、半失能、患慢性病、易复发病及处于大病恢复期等医疗护理需求程度高的老年人的医护需求。⑤

---

① 智库百科，http://wiki.mbalib.com/wiki/%E5%AE%B6%E5%BA%AD%E5%85%BB%E8%80%81。
② 裘知，戴靓华，王竹.养老设施"医养"模式的可行性探讨[J].建筑与文化，2014（06）：109-110。
③ 党俊武，周燕珉，等.中国老年宜居环境发展报告（2015）[M].北京：社会科学文献出版社，2016。
④ 数据来源：中华人民共和国国家卫生和计划生育委员会，http://www.nhfpc.gov.cn。
⑤ 党俊武，周燕珉，等.中国老年宜居环境发展报告（2015）[M].北京：社会科学文献出版社，2016。

3 医养雏形的全方位解读

本章在前期调查研究的基础上，对包含医疗和养老元素的既有设施进行全面梳理，以类型学的理论为指导，对城市中具有"医养结合"功能的设施雏形进行归纳与分析。从这些雏形出发，由表及里、以点带面地探讨在不同区域层级下，即市级、区级、居住区级、居住小区级，与养老和医疗相关的功能体系的分布状态，完成城市医养体系的建构。根据医养雏形在分布图上的位置关系以及研究可行性与现实意义，确立本研究的区域范畴。

3.1 医养现象的集成与分级

3.1.1 医养现象

从发展现状出发，参考相关规范和标准，对目前与医疗和养老相关的所有建筑类型进行整理与分类（表 3-1）。

医疗和养老相关规范及建筑类型整合　　　　　　　　　　　　表 3-1

编号	规范名称	建筑名称
1	医院等级划分标准、综合医院建筑设计规范	综合医院（三级、二级、一级）
2	康复医院基本标准（2012 年版）	康复医院（三级、二级）
3	老年养护院建设标准	老年养护院（特大型、大型、中型、小型）
4	城镇老年人设施规划规范	老年护理院（大型、中型、小型）
5	养老设施建筑设计规范	养老院（特大型、大型、中型、小型）
6	老年人居住建筑设计标准	老年公寓（特大型、大型、中型、小型）
		老年人住宅（特大型、大型、中型、小型）
7	疗养院建筑设计规范	疗养院（综合性、专科）
8	社区卫生服务（中心）机构基本标准	社区卫生服务中心（站）
9	社区老年人日间照料中心建设标准	老年日间照料中心（中型、小型）
10	老年人社会福利机构基本规范	老年人服务中心（站）
		托老所
11	无	老年（专科）医院
12	无	临终关怀院

表 3-1 中只列出每个建筑类型的代表性规范，除上述规范外，还涉及城市公共设施规划规范、城市居住区规划设计规范、无障碍设计规范等。11 项和 12 项提及的老年（专科）医院和临终关怀院是近些年发展起来的，尚处初级摸索阶段，目前还未出台相应指导标准，但对医养结合的发展具有一定指导价值，故纳入表中。

3.1.2 医养分级

建筑在城市不同区域范畴中的建设布局，会决定其类型、规模、功能以及服务内容和对象的不同。本研究分别从市级、区级、居住区级、居住小区级，对既有医疗、养老和具有医养结合功能的建筑形态进行归纳整合，为指导后续的研究奠定基础。由表 3-2 可以看出，医疗功能随服务半径的缩小逐步弱化，而养老功能却不断加强、类型增多。目前，规范中明确提出的具有"医养"功能的建筑主要是老年养护院和护理院，但只是发展初期的个案代表，尚不具备普适性和推广性。需要结合发展现状和趋势，提炼并归纳出几种适用于不同背景条件的医养结合基本型，为后续设施的建设提供参考依据。

"医""养"建筑与城市不同区域范畴的对应关系　　　表 3-2

区域范围 ＼ 类型	"医"元素（治疗、保健、康复、护理）	"养"元素（长期居住、短期照料、疗养等）	含"医养"
市级	三级综合医院 三级康复医院 老年医院 临终关怀院	特大型养老院 特大型老年公寓 特大型老年人住宅	特大型老年养护院 大型老年护理院 综合性疗养院
区级	二级综合医院 二级康复医院 老年专科医院 临终关怀院	大型养老院 大型老年公寓 大型老年人住宅	大型老年养护院 大型老年护理院 专科疗养院
居住区级 （30000~50000人）	一级医院 社区卫生服务中心（诊所）	中型养老院 中型老年公寓 中型老年人住宅 中型老年日间照料中心（托老所） 老年人服务中心	中型老年养护院 中型老年护理院
居住小区级 （10000~15000人）	一级医院 社区卫生服务站（卫生站）	小型老年日间照料中心（托老所） 小型老年公寓 小型老年人住宅 小型养老院 老年人服务站	小型老年养护院 小型老年护理院

3.1.3 医养关系

医养结合并非只是将"医"、"养"两个模块的各自元素简单叠加并纳入一个体系即可，而是根据现实需求和条件进行重构和调整，形成全新的医养一体化系统。医养之间存在相互协调、动态发展的转变关系。如图 3-1 所示，当老年人健康状况恶化或突发疾病时，需要及时进入疾病诊疗模式，根据老年人实际住院状态划分护理等级获取专业的医护服务；当老年人病情处于稳定或恢复期时则应进入托老模式。"医养结合"指向型养老居住设施就是要综合考虑老年人常见病、不同生命周期的身心特征和养老需求，选取适宜的医养要素进行合理组织，满足老年人健康状况发生变化时能够自主选择相应的照顾模式。

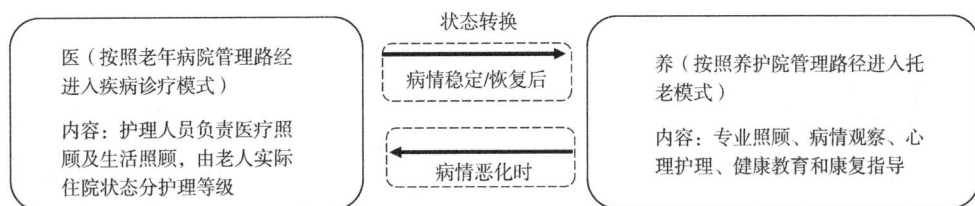

图3-1 "医"与"养"的动态关系示意

3.2 医养雏形的解读与归类

透过现象挖掘本质，借助类型学方法，对既有医、养元素的发展现状进行解析与分类，可将初级"医养设施"形态归为以下四种类型。医养结合发展的营建主体不同，主要服务内容及对象不同，其发展侧重点相应不同。

3.2.1 紧邻型——优化选址

紧邻型是指以养为主，通过优化选址紧邻医疗机构的养老模式。在规划设计伊始，全面分析并综合考量养老居住设施项目所在区域中交通的便利性、环境的舒适性、资源的利用性，进而明确其空间布局和形态构成。该模式的实施操作中，可采用多种医养结合服务，如与综合或专科医院特约合作，特约医师定期做门诊服务和业务培训，与医院间开通绿色就医通道，在设施内备有医疗救护车，适时将患病老人送至邻近医院抢救治疗等。以杭州市萧山区新华养老院为例，它是成立于 2003 年面向自理、半自理老人，拥有 150 张床位的民办养老机构，从图 3-2 可看出其规划布局的基本概况，北面是景观优美、视野开敞的新华广场，

图3-2 杭州市萧山区新华养老院区位示意

(来源：戴靓华《以医养结合为导向的适老照护体系与空间布局研究》P89)

紧邻东面是萧山医院康复分部，西南角是新华社区卫生站，不管从环境适宜性还是医疗资源补给方面都极大推动了该设施的发展和完善。杭州市下城区石桥爱心养老服务中心是另一民办的成立于2013年的敬老院，是服务于自理、半自理、全护理、特护老人的集生活护理、疗养康复、文体娱乐等多功能为一体的新型老年护理院，在其选址上同样着重考虑了对于既有医疗资源的依托和利用。

3.2.2 吸纳型——预留场地

（a）入口　　　　　　　　　　　　　　　（b）中心步行大道

图3-3　杭州市社会福利中心

图 3-4　杭州社会福利中心区位示意

（来源：戴靓华《以医养结合为导向的适老照护体系与空间布局研究》P89）

吸纳型是指以养为主的通过预留场地吸纳医疗功能的养老模式。对于选址邻近或位于居住区内的养老居住设施，可采取该形式以开展保健康复、诊疗护理服务。在这种模式下，应着重处理医、养的流线组织、功能配置并协调两者运营管理和合作方式。如位于杭州市拱墅区和睦社区的社会福利中心，是按国家二级福利院标准建设，面向自理老人至援护期老人的具有生活、医疗、康复、文化娱乐等多种功能的公办老年公寓。从图3-3可看出，中心环境优美、清雅幽静，在园林化格局的休养中心基础上，纳入包含诊断、检验、治疗、观察、护理在内的医护团队，从而形成养老居住照护体系，满足不同年龄段老人不同需求。这种吸纳型模式填补了周边社区医技资源的不足，进而提升整体化养老服务能力（图3-4）。

3.2.3 融合型——协同发展

融合型是指医养并行的通过协同发展融合医养功能的养老模式。随着民办养老机构的不断深化及对医疗需求的急速上涨，针对周边资源相对匮乏，位置较为偏远的现状探讨如何实现高效、长远的医养目标已成为热门话题。以社区嵌入式养老产品的杭州蓝庭颐养公寓为例，它位于项目东区东南角，是绿城养老产业的首次尝试。公寓分别从民政部门、卫生部门获得"养老"、"医疗"的经营权，在此基础上，将二者功能空间

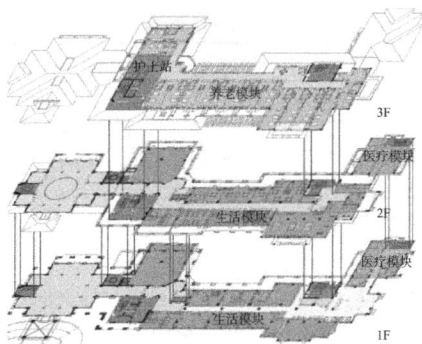

图3-5 杭州蓝庭颐养公寓空间布局
（来源：戴靓华《以医养结合为导向的适老照护体系与空间布局研究》P89）

进行重组和捏合，开展医疗护理、生活照料、餐饮活动、康复保健等，并共享社区内配套设施及服务，实现了社区和服务型建筑协同发展的目标（图3-5），其前瞻性的探索也起到了引领性的示范作用。

3.2.4 依托型——拓展深化

依托型是指以医为主，通过拓展深化依托既有资源的养老模式。在医养结合的实践中，最直接有效的方式当属依托医院建老年康复中心、养护院等养老居住设施，也是响应国家政策，应对大型医院诸多问题的主要措施。以致力于阿尔茨海默病诊治和科研的浙江省立同德医院为例，在运营过程中，该院针对精神类疾病老人对医院的强烈依赖性，加之本院专业、强大的硬件资源，将阿尔茨海默病科室抽出并形成相对独立的养护单元（图3-6）。该区设有80张床位，以阿尔茨海默病患者为主，兼顾其他精神障碍的高龄老人，实行全天

图3-6 浙江省立同德医院布局
（来源：戴靓华《以医养结合为导向的适老照护体系与空间布局研究》P89）

候封闭管理，是隶属于原有医疗机构，享有既有资源并拓展深化养老功能的典型案例。由于该模式是在缺乏规划部署、探索阶段上的功能转型与复合，在操作管理和体验感受上仍存在诸多问题，值得后续深入研究和完善。

基于对以上四种"医养设施"雏形形态的解析，汇总其营建特性和重点，见表3-3所列。

"医养雏形"发展模式的形态解析及对比研究　　　　　表3-3

类型	权责	优势	缺陷	关键	图示
以养为主 优化选址——紧邻 医疗机构	民政部门主办管理，与医院达成合作协议	整合社会资源，自成体系，干扰较小	使用常规功能不便，易产生工作对接问题	合作模式及绿色通道	
以养为主 预留场地——吸纳 医疗功能	由民政部门主办，再委托医院运营管理	方便老年人使用，便于不同服务部门间交流	引进后实际使用和操作中协调等问题	流线组织和功能配置	
医养并行 协同发展——融合 医养功能	同时向两部门申请，协同经营管理	软服务到位，功能复合	位置相对偏远，缺乏激活	渗透与妥协	
以医为主 拓展深化——依托 既有资源	卫生部门经营管理，民政部门参与协助	依托医院，资源共享	布局紧张，环境相对恶劣	条件改善及养护配合	

注：图中▨▨▨表示医疗，◪表示养老，▥表示联系体，虚线代表新建（转型）建筑，实线代表既有建筑。

（来源：戴靓华《以医养结合为导向的适老照护体系与空间布局研究》P89）

3.2.5　研究区域范围的确立

1. 各层级设施的功能配置

不同区域层级对应不同的空间格局，即决定了硬件上相异的区域规划和建筑单体设计，以及软质上社会资源的分布与调配。接下来，需要对各级设施的功能配置进行全面梳理与解析（表3-4），以进一步明确研究范围和主要内容，完成研究模型及其边界条件的搭建。

各层级医疗设施与养老设施的功能配置　　　　　表3-4

范围	类型	设施	医疗功能					养老功能			
			临床	医技	病房	康复保健	护理（长期照顾）	居住	生活辅助	生活服务	活动
市级	医疗型	三级综合医院	急诊，内外科及专科	较二级多输血、核医学、营养部和功能检查	普通/监护病房，临终关怀室	康复保健	四级护理都应有	无	营养厨房、太平间	无	无

续表

范围	类型	设施	医疗功能					养老功能			
			临床	医技	病房	康复保健	护理（长期照顾）	居住	生活辅助	生活服务	活动
市级	医疗型	三级康复医院	内外科，康复专项治疗	医学影像、检验、药剂、门诊手术、消毒等	康复专业床位、监护室	康复	宜按1～3级护理	无	食堂	无	康复训练
		老年医院	急诊，内外科及专科，介入治疗	综合	各科病房，临终关怀室	康复保健	医疗与预防康复结合，中西结合	无	营养食堂	日常生活照料，如翻身、喂饭、助浴	康复训练
		临终关怀院	内外科，缓解疼痛	无	临终关怀病房	无	全面生活护理，心理	无	无	日常生活照料	无
	养老型	特大型养老院	治疗	医务、药械、处置、检验	观察室、临终关怀室	康复保健心理疏导	护理站		公共餐厅，可兼活动室；交往厅，宜设厨房	理发室，宜设老人专用浴室、商店、银行	文娱健身
		特大型老年公寓	理疗	医务、药品	观察室	检查康复	自理型、半护型、全护型	独立或半独立居家式	公用厨房和餐厅	清洁卫生、餐饮沐浴等	文娱健身
		特大型老年人住宅	无	无	无	康复保健	无	家庭使用的专用住宅	独立厨房	售货、饮食、理发	在单元内设置
	医养结合	特大型老年养护院	应急处置，物理及作业治疗	诊疗、化验、心电图、超、抢救、消毒药械室、处置	观察室、临终关怀室	康复保健，宜设心理疏导	护理站	老人及亲情居室	公共餐厅兼公共活动室；交往厅	配餐、沐浴、理发；宜设商店、银行、邮电	康复训练娱乐健身
		大型老年护理院	康复治疗，如理疗	医务、药品	观察室、临终关怀室	康复，预防养生保健	长期医疗护理		公用厨房和餐厅	日常生活照料	康复训练娱乐健身

"医养结合"城市社区养老居住设施规划设计

续表

范围	类型	设施	医疗功能					养老功能			
			临床	医技	病房	康复保健	护理（长期照顾）	居住	生活辅助	生活服务	活动
市级	医养结合	综合性疗养院	理疗	放射、检验、功能检查、药剂、供应	监护室	康复保健	宜按三级护理	疗养	营养食堂	无	偏文体
区级	医疗型	二级综合医院	急诊,内外科及专科治疗	较一级多检验、手术、病理等	监护病房、临终关怀室	保健	宜按1~3级护理	无	营养厨房、太平间	无	无
		二级康复医院	内外科,康复专项治疗	超声、检验、放射、药剂和消毒供应	康复专业床位、监护室	康复	宜按2~3级护理	无	食堂	无	康复训练
		老年专科医院	急诊,内外科及特色专科	检验、放射、超、心脑电、结肠镜	特色病房,监护室,可设疗养房	康复保健	专项护理	无	宜设食堂	日常生活照料	康复训练
		临终关怀院	内外科,缓解疼痛	无	临终关怀病房	无	全面生活护理,心理	无	无	日常生活照料	无
	养老型	大型养老院	治疗	医务室、药械室、处置室,检验室	观察室、临终关怀室	康复保健,心理疏导	护理站	公共餐厅;交往厅,宜设公用厨房	理发室,宜设老人专用浴室、商店、银行	文娱健身
		大型老年公寓	理疗	医务、药品	观察室	检查康复保健	自理型、半护型、全护型	独立或半独立居家式	公用厨房和餐厅	清洁卫生、餐饮、沐浴	文娱健身
		大型老年人住宅	无	无	无	康复保健	无	家庭使用的专用住宅	独立厨房	售货、饮食、理发	在单元内设置
	医养结合	大型老年护理院	康复治疗,如理疗	医务、药品	观察室、临终关怀室	康复,预防养生保健	长期医疗护理	公用厨房和餐厅	日常生活照料	康复训练娱乐健身

续表

范围	类型	设施	医疗功能					养老功能			
			临床	医技	病房	康复保健	护理（长期照顾）	居住	生活辅助	生活服务	活动
区级	医养结合	大型老年养护院	应急处置，物理及作业治疗	医务室、药械室、处置室，宜设检验室	观察室、临终关怀室	康复保健宜设心理疏导	护理站	老人及亲情居室	公共餐厅兼公共活动；交往厅	配餐、沐浴，理发；宜设商店、银行、邮电	康复训练娱乐健身
		专科疗养院	理疗	参考综合疗养院	监护室	康复保健	宜按三级护理	疗养	营养食堂	无	偏文体
居住区级	医疗型	一级医院	急诊，内外科，初步治疗	药房、化验室、光室、消毒供应室	临终关怀室	保健	宜按2~3级护理	无	太平间	无	无
		社区卫生服务中心	急诊含抢救，全科诊室，慢病治疗	诊疗、检验、超和心电图、药房、消毒供应、处置	日间观察床，转诊恢复床，老年护理床、临终关怀床	康复保健	常见病、多发病的医疗护理，家庭护理	无	无	无	康复训练
	养老型	中型老年日间照料中心	无	医务室	无	康复保健心理疏导	日常护理	休息室，宜设起居	公共餐厅，可兼活动室	膳食供应、交通接送、网络室，宜设理发室	康复训练休闲娱乐
		老年人服务中心	无	无	无	康复保健	日常护理	养老床位	宜设食堂	紧急援助、法律援助、专业服务	康复训练
		中型养老院	无	无	观察室、临终关怀室	康复保健	护理站		公共餐厅；交往厅，宜设公用厨房	理发室，宜设老人专用浴室、商店	偏文娱健身

续表

范围	类型	设施	医疗功能					养老功能			
			临床	医技	病房	康复保健	护理（长期照顾）	居住	生活辅助	生活服务	活动
居住区级	养老型	中型老年公寓	无	无	无	检查康复	自理型、半护型	独立或半独立居家式	公用厨房和餐厅	清洁卫生、餐饮、沐浴	偏文娱健身
		中型老年人住宅	无	无	无	无	无	家庭使用的专用住宅	独立厨房	与社区医疗中心、服务中心配套建设	在单元内设置
	医养结合	中型老年护理院	康复治疗，如理疗	医务、药品	观察室、临终关怀室	康复，预防养生保健	长期医疗护理		公用厨房和餐厅	日常生活照料	康复娱乐健身
		中型老年养护院	物理及作业治疗	医务室、药械室、处置室	观察室，临终关怀室	康复保健	日常护理	老人居室，部分高龄居室	公共餐厅兼公共活动；交往厅	配餐、沐浴、理发室；宜设商店	康复娱乐健身
小区级	医疗型	一级医院	急诊，内外科，初步治疗	药房、化验室、光室、消毒供应室	临终关怀室		宜按2~3级护理	无	太平间	无	无
		社区卫生服务站	急诊含抢救，全科诊室，慢病治疗	主要为功能检查	无	康复预防保健	常见病、多发病医疗护理，家庭护理	无	无	无	无
	养老型	小型老年日间照料中心	无	医务室	无	康复保健	生活照料	休息室，宜设起居室，可设卧室	公共餐厅，可兼活动室	膳食供应、交通接送，宜设理发室	康复训练休闲娱乐
		老年人服务站	无	无	无	康复保健	生活照料	养老床位	食堂	紧急援助、法律援助、家政服务	健身锻炼

范围	类型	设施	医疗功能					养老功能			
			临床	医技	病房	康复保健	护理（长期照顾）	居住	生活辅助	生活服务	活动
小区级	养老型	小型养老院	无	无	无	康复保健	日常护理		公共餐厅；交往厅，宜设公用厨房	应设理发室，宜设老人专用浴室	偏文娱健身
		小型老年公寓	无	无	无	检查康复	自理型为主，半护型为辅	独立或半独立居家式	公用厨房和餐厅	清洁卫生、餐饮、沐浴	偏文娱健身
		小型老年人住宅	无	无	无	无	无	家庭使用的专用住宅	独立厨房	与社区医疗中心、服务中心配套建设	在单元内设置
	医养结合	小型老年护理院	理疗	医务、药品	观察室	康复保健	生活护理为主，医疗护理为辅		公用厨房和餐厅	日常生活照料	康复训练娱乐健身
		小型老年养护院	物理及作业治疗	医务室、药械室、处置室	观察室	康复保健	日常护理	老人居室，部分高龄居室	公共餐厅兼公共活动；交往厅	配餐、沐浴、理发室	康复训练娱乐健身

注：图中各级设施功能的配置是综合相关规范和发展现状得出的，"浅色区块"表示基本（应）配置；"深色区块"表示部分（宜）配置。

将前文总结的四种医养雏形融入表 3-4 医养功能的层级分布中，可以看出医养设施基本型在城市不同空间格局中可能实施的区域范畴和结合模式，从而指导本研究模型边界的确立（图 3-7）。I 紧邻型是：紧邻医疗机构以补充养老居住设施医技资源的不足，形成规模等级不同的医养设施；II 吸纳型是：邻近或位于医技资源不足的社区，在既有养老资源的基础上引入医护团队，形成集医疗护理、保健康复为

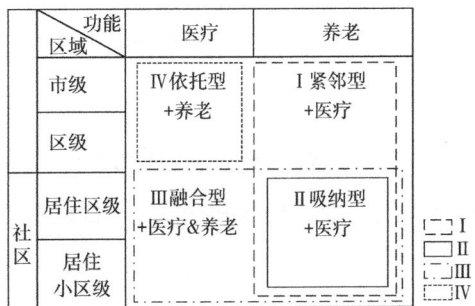

功能 / 区域	医疗	养老
市级	IV 依托型 +养老	I 紧邻型 +医疗
区级		
社区 / 居住区级	III 融合型 +医疗&养老	II 吸纳型 +医疗
社区 / 居住小区级		

图例：I、II、III、IV

图3-7 医养雏形在不同区域层级中的对应关系

一体的基础型医养设施；Ⅲ融合型是：针对养老和医疗资源均匮乏的地区（基于我国特殊国情的发展现状来看，资源大多向市、区级集中），即在社区层面上打造医、养协同发展的全新型医养设施；Ⅳ依托型是：针对医技资源丰富，或运营不善或有拓展空间的较大型医疗机构，可考虑依托此平台发展以医为主的医养设施。

2. 本研究区域范围的选取

从表 3-4 可知，区域层级越高，也就是服务半径越大时，单体建筑的规模越大，提供的服务专业性越强；当服务半径缩小时，提供的服务则更加简单化、基础化，与老年人的日常生活也更为密切。鉴于其规模小、数量多的特点，对相关资源进行整合优化，相比较高区域层面更易于实施，也具有更高的社会价值。从而实现由规模化向集约化、单一专业化向多元普及化的转变。图 3-7 体现了医养雏形在城市不同区域范畴中的分布状态，以及和既有医疗、养老设施的对应关系，可以看出，目前医养结合的可行模式基本都围绕社区层面而展开。此外，考虑到现阶段我国社区养老服务尚处于初级阶段，对其理解与认识还不足。其服务对象大多为低龄、健康的自理老人，服务内容也以基本的生活服务为主，而忽视了高龄和需要医护援助的老人的需求。

由此推断，医养结合应是基于我国当前国情的，以"介助与介护老人"的医养需求为目标，主要以城市社区（含居住区和居住小区）为载体，以"医"或"养"其中一方为主体，通过依托、吸纳等方式进行医养融合的发展模式，具有灵活性、多样性和普适性，弥补机构养老发展不足的同时，也为家庭养老提供便捷而全面的服务，形成以网络化覆盖于普通社区的"多机能医养设施"嵌入式模块。

3.3 医养案例的调查与分析

目前，国内以北京、上海、杭州、成都等为代表的城市已经开始探索医养结合型养老居住设施的建设，许多项目也已取得成功的经验并获得良好的反响。一些发达国家，如日本、德国、英国、荷兰等早已步入老龄化社会的地区，在养老方面积累的实践经验更为丰富，值得我们学习借鉴。下面选取一些国内外医养结合的案例进行解析研究。

3.3.1 杭州蓝庭颐老公寓 [①]

1. 开发模式

杭州蓝庭颐老公寓为绿城集团开发，该项目的开发过程在一定程度上体现了民营机构对于养老产业的理解和探索：项目最初定位为公寓型商品房，而后改建成为自理型老人提

---

① 资料来源：裴知，李相宜，戴靓华. 杭州蓝庭颐老公寓的"医养"模式综述与解析[J]. 建筑与文化，2014（09）：119-120。

供居住服务的老年公寓；在该项目带动下，其所在社区得到发展，小区其他服务性设施又反过来造福养老公寓，在良性循环下，颐老公寓转型成容纳自理型和半自理型老人的养老设施。由于项目选址较偏，周边没有医疗机构相配合，在蓝庭颐老公寓的运营中，管理者着重强调了"医疗"的重要作用。因此，管理者首先在民政部门取得养老设施经营权后，又在卫生部门申请到了医疗机构的经营权。这是一种理念上的创举。在此基础上，颐老公寓配备了基本的医疗康复区块，为入住老人及社区提供基本医疗服务。该项目被纳入了医保范围，故大大降低了老年人的费用开销。

图3-8 蓝庭颐老公寓入口

2. 规划设计

1）总体布局

颐老公寓所在蓝庭社区位于临平城北开发区西南侧，地处320国道以南，临平山以北。项目总规划用地431298m²，总建筑面积762491m²（含地下室面积226937m²），建成后总户数约4000户。公寓位于项目东区东南角（图3-8），是绿城养老产业的首次尝试，属嵌入式养老住品，共享社区内配套设施及服务。除公寓外，社区内还设置了商业中心、运动中心、休闲中心、老年大学等公共服务设施（如图3-9所示）。

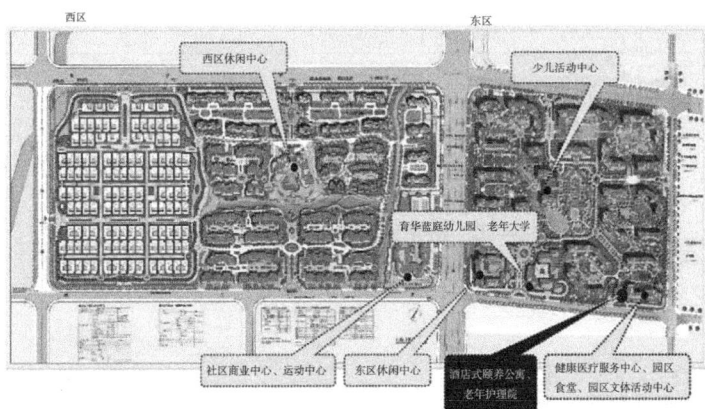

图3-9 杭州蓝庭颐老公寓整体布局
（来源：绿城集团内部资料）

2）功能配置

基于宏观的"医养结合"原则，建筑分为医疗、养老、辅助三大区块（图3-10）。辅助区块主要是交通空间、办公空间等，医疗区块承担日常基本的诊疗、处置、检查等服务，养老区块则主要由居住单元与娱乐单元构成。此外，还有一个介于"医"和"养"之间的空间单元，即与每层居住单元相配套的护士站，进行日常巡视和基础诊疗。颐老公寓共 10 层，地下室 1 层，建筑面积 13411m²。由于配备大量居住空间，整个建筑呈横向发展。地下室主要承担了配套用房的功能，地上一层和二层为公共区（图 3-11），由健康服务中心、社区门诊、园区食堂及文体活动中心、洗护中心组成（图 3-12）；三层及以上为养护套房，共设 200 床位。考虑老年人使用上的安全性和便捷性，居住用房按老年人自理程度进行分层设置，地上三层和四层为针对半自理老人的居住单元，同时配有护士站等配套设施；地上九层和十层为针对自理老人的居住单元（图 3-13）。前者按病房模式设计，包括医用护理床、必要医疗设备和无障碍通行与护理人员操作空间。后者按照公寓模式布置，有双人床和大床房两种类型。不同的是，室内家具及各种小物件可由入住老人自主选择并布置，每个居室被打造成如家一样的环境氛围，让老人们感受到深深的归属感和亲切感。

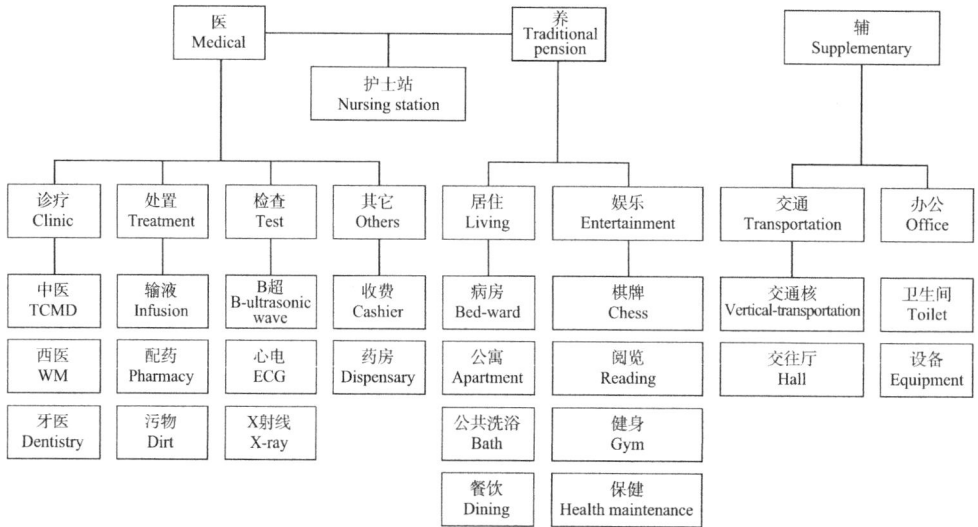

图3-10 杭州蓝庭颐老公寓功能配置
（来源：课题组研究成果）

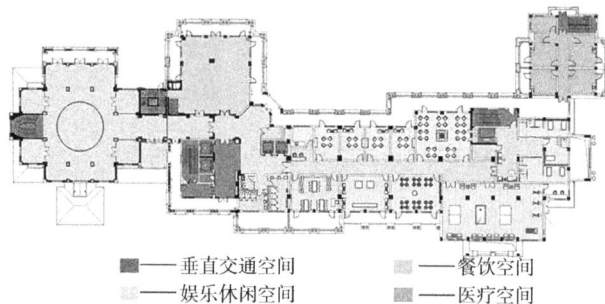

图3-11 杭州蓝庭颐老公寓一层平面功能分析
（来源：课题组研究成果）

（a）体能检测室

（b）康复中心

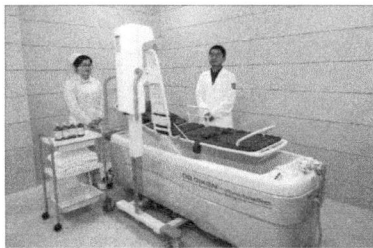
（c）老年洗护中心

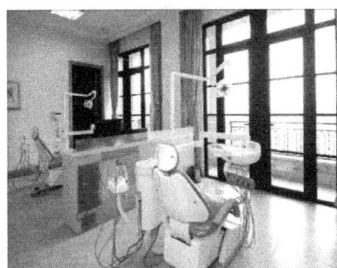
（d）社区诊所牙科室

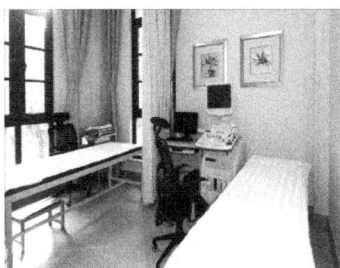
（e）心电B超室

（f）园区食堂

图3-12　杭州蓝庭颐老公寓公共配套设施

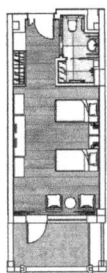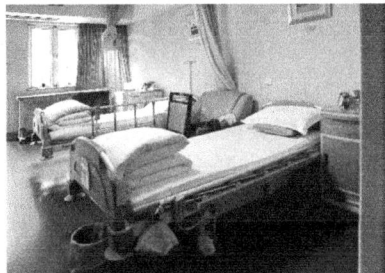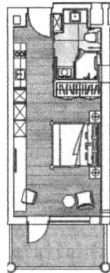
（a）半自理老人居室平面及实景照片

（b）自理老人居室平面及实景照片

图3-13　杭州蓝庭颐老公寓居室平面
（来源：课题组研究成果）

3）设计分析

（1）流线分析：由于蓝庭颐老公寓最初的开发定位为酒店式公寓，因此在流线设置上较为简单，以纵向两组集中的交通核和横向走廊为主要流线（图3-14）。然而，通过访谈发现，该流线设置往往造成不便和干扰：如同一个电梯中，往往发生既有护工拿着餐盘，又有工作人员推着污物车的情况。因此，综合考虑医养设施不同类型使用者以及生活必需品，应至少有9条流线存在：分别为：工作人员流线、老人流线、亲属流线、参观者流线、志愿者流线、衣物流线、食物流线、污物流线、货物流线（图3-15）。

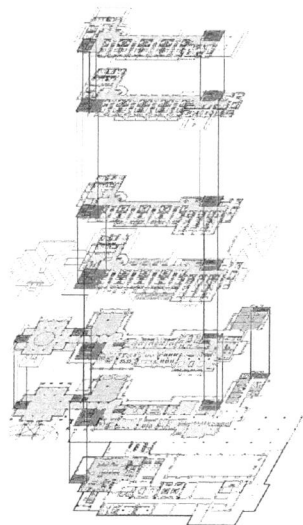

图3-14 蓝庭颐老公寓流线分析
（来源：课题组研究成果）

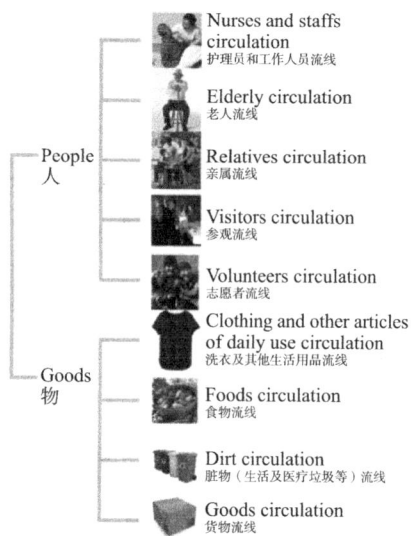

图3-15 医养结合型养老居住设施流线示意
（来源：课题组研究成果）

（2）微观层面：蓝庭颐老公寓的空间布局甚至家具设置，从无障碍处理、智能化引入等方面入手，在一定程度上体现了养老的安全性、便利性和舒适性，如沿走廊安装的软质扶手、卫生间的无障碍设施、开关高度的降低处理、服务台/洗手台垂直面的退后处理以及可调节高度的桌椅、辅助老年人日常生活和行动的辅具等（图3-16）。然而，在空间布局上，虽然蓝庭颐老公寓是对医养设施的一个积极探索与尝试，但对于微观层面的空间布局尚有可改进之处。以护理站为例，目前的处理方式如图3-17（a）所示，只是在公共空间留有问询性质的服务台，而主要的护士站工作区处于一个封闭的空间中。基于对老年人心理特征的把握，即使没有和护理人员产生直接互动，只是从视觉上看到他们也会从心理上获得安全感。因此，建议护士站改进成开放型工作站，如图3-17（b）所示，有利于满足老人的心理需求，更好地提供养老服务。

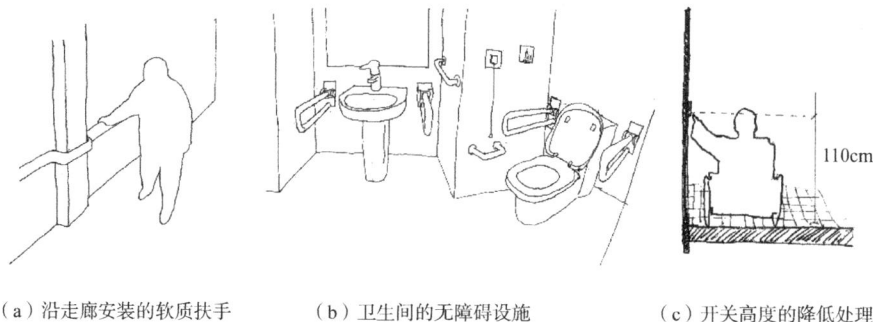

（a）沿走廊安装的软质扶手　　　（b）卫生间的无障碍设施　　　（c）开关高度的降低处理

图3-16 蓝庭颐老公寓安全性、便利性、舒适性设计（一）
（来源：课题组研究成果）

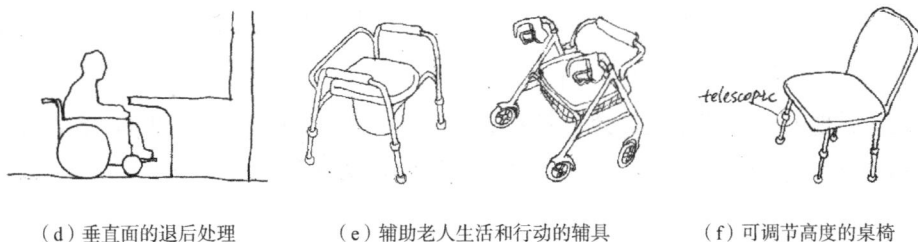

（d）垂直面的退后处理　　　（e）辅助老人生活和行动的辅具　　　（f）可调节高度的桌椅

图3-16　蓝庭颐老公寓安全性、便利性、舒适性设计（二）
（来源：课题组研究成果）

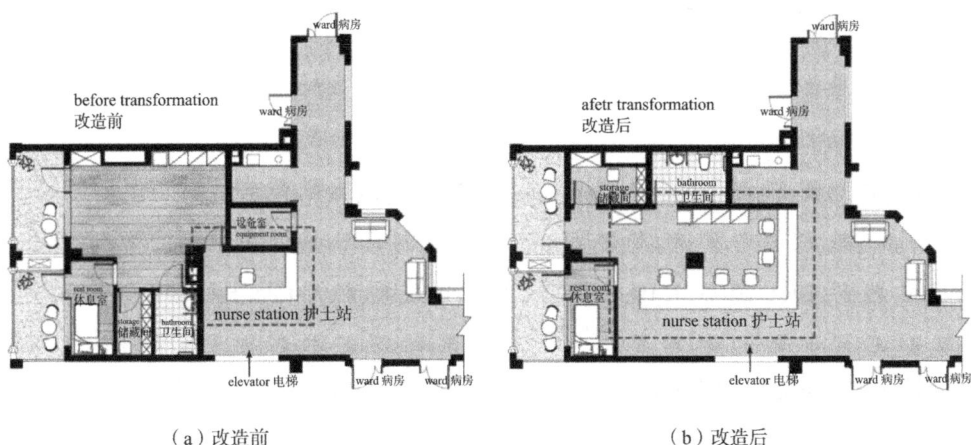

（a）改造前　　　　　　　　　　　（b）改造后

图3-17　蓝庭颐老公寓护士站改造平面示意
（来源：课题组研究成果）

3. 评析总结

杭州蓝庭颐老公寓是一个典型的初级"医养设施"，从宏观的开发运营模式、中观的建筑计划策略、微观的空间布局和家具设置，都体现了其在"医养结合"方面的积极探索和智慧结晶。在开发运营过程中，颐老公寓与其所在的蓝庭社区相互渗透、彼此促进，形成了健康、可持续的发展模式。虽然其在具体的功能配置和营建策略上仍存在一些问题，但仍为将来在"医养设施"建筑设计的探索和创新方面提供了重要的参考依据。

3.3.2　成都第二社会福利院

1. 开发模式

成都市第二社会福利院成立于1961年，原名成都市第二残老教养院。建院初期用以救济游民和乞丐，安定社会秩序。[①]2004年由于香港社会考察团带来的新型工作理念，第二社会福利院从一般的"供养型"福利机构中突显出来，组建康复小组。开始了年度计划、每周检查、每月总结和康复效果评估。针对理疗、体疗、肢体康复、音乐疗法、心理咨询

① 潘丰.国办养老机构运营现状及发展对策研究[D].成都：西南交通大学，2013。

等项目进行发展，使整个机构从供养型往康复医疗型发生了很大转变。作为国家民政部命名的"西南地区福利事业窗口示范单位"，不仅开展机构养老、居家养老等服务，还在"家庭寄养"、"异地养老"等新型社会化养老服务模式中有一定的探索。[①]2008年增挂"成都市社会福利社会化服务中心"。截至2013年2月底，共有服务对象754人（"三无"人员339人，代养人员415人）。其中60岁以上568人，60岁以下186人，自理服务对象179名，半自理服务对象154名，全护理服务对象421名。该院的主要工作职责是承担院内一般疾病的诊断和治疗，整合资源，开展老年人、残疾青壮年的康复工作，是一所集养老整体护理、老年病康复、个案康复护理、团队生活场景、社区福利、理论实证研究、福利机构标准化和信息化建设、养老护理培训示教功能于一体的全省标志性国办福利机构。[②]

2. 规划设计

1）总体布局

成都市第二社会福利院地处成都市龙泉驿区西河镇开元南路76号，紧邻客家文化古镇洛带，距离成都市中心直线距离仅9km（图3-18）。占地面积38581.83m²，建筑面积36675.2m²，改扩建项目2011年10月投入试运行，设置床位1000张(其中新增床位500张)。[③]该设施规模较大，整体布局采用集约式，包括居住主体、医疗康复、后期供应三大部分。建筑群体与自然环境和谐共生，由"T"形条状母题单元组合而成，体量彼此穿插形成有机生长的态势（图3-19）。建筑采用整洁明快、温暖惬意的浅色系，局部配以咖色加以对比，强调横向的韵律感。

图3-18　成都市第二社会福利院区位
（来源：百度地图）

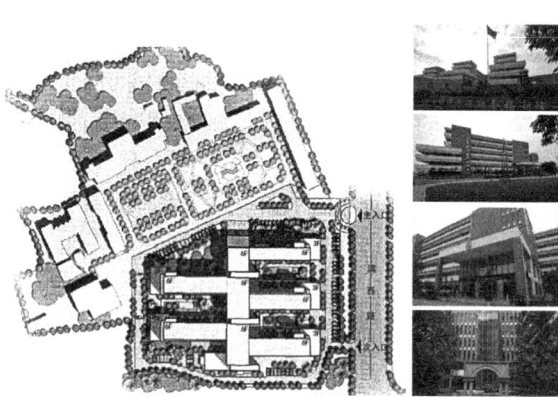

图3-19　成都市第二社会福利院总平面及实景照片
（来源：总平面来自杨艳梅《医养结合型养老设施建筑设计策略研究》，照片来自网络）

---

① 杨艳梅.医养结合型养老设施建筑设计策略研究[D].成都：西南交通大学，2015。
② 潘丰.国办养老机构运营现状及发展对策研究[D].成都：西南交通大学，2013。
③ 信息来源：成都市第二社会福利院官网，http://fly2ftp.gotoip4.com/NewsDtl.asp?rtID=1011&navNo=101101&id=1&flag=1，2014。

2）功能配置

该院设单人间、双人间、三人间、四人间及八人间，配套设施包括一级综合医院、综合评估、康复娱乐、心理咨询、音乐舞蹈、图书阅览、膳食保障中心等。内设科室 11 个：行政办公室、人事科党办、财务科、总务科、教育培训中心、社会工作科、综合服务科、疗养科、福利科、特殊护理科、医疗康复科。[①]

从总体功能分布来看，养老设施的办公与医疗康复中心基本位于北侧的一个分支体量中，是一个相对独立的部分，其他部分均为自理、半自理、全护空间的护理区域。其中居住空间基本都分布于建筑的"翼"部，而绝大部分公共服务空间则配置在建筑的中部，串联了两侧的居住区域（图3-20、图3-21）。这里不仅成为了养老设施内部老人们平日聚集活动、发展兴趣爱好、彼此交流的场所，也是相关管理服务人员对于老人"监控与观察"的空间，不仅可以适时照看老人的平日活动，也能组织大多数老人进行安全教育，发展互助活动。简而言之，第二福利院在建筑布局方面的特色就在于，将服务性空间与公共空间置于建筑的核心部分，整个建筑的功能由此展开，以尽可能提高服务效率，促进老年人交往。

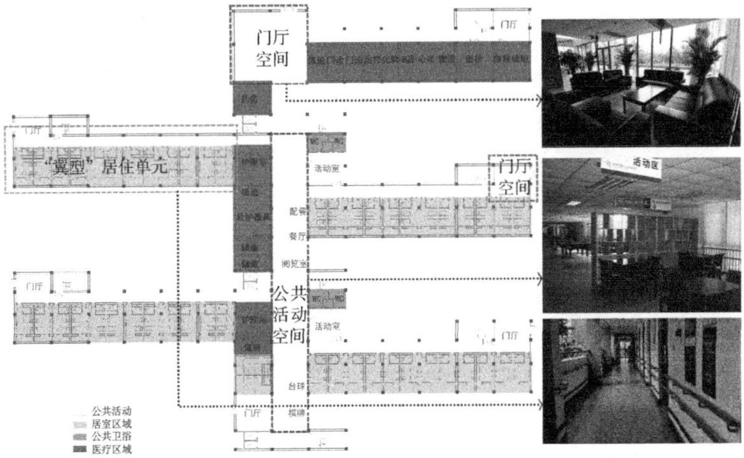

图3-20　一层平面功能布局
（来源：杨艳梅《医养结合型养老设施建筑设计策略研究》及网络图片）

3）设计分析

（1）流线分析：虽然该养老设施包含了老人护理生活区、医疗康复办公区和后勤配套服务区三大功能块，又是集约化的整体设计，但是由于布局考虑分散化发展，而使各部分有相对独立的功能流线。老人一般在自己的居室附近活动，小范围可以在建筑"翼"端的公共空间（平台）进行交流。若要参与更大规模的交流或是特定的娱乐活动，则可以选择

---

① 潘丰. 国办养老机构运营现状及发展对策研究[D].成都：西南交通大学，2013。

到建筑中轴的贯穿空间中去，那里设置有棋牌、阅览、台球等。它的优势在于聚集老年人的活动，既便于护理人员对他们的看护，同时也促使活动行为的多样化。这样一来，对于那些行动较为困难的老人来讲，仅仅观察这些交往活动也会是重要的参与和慰藉，对于处于康复期的老人帮助则更大（图3-22）。

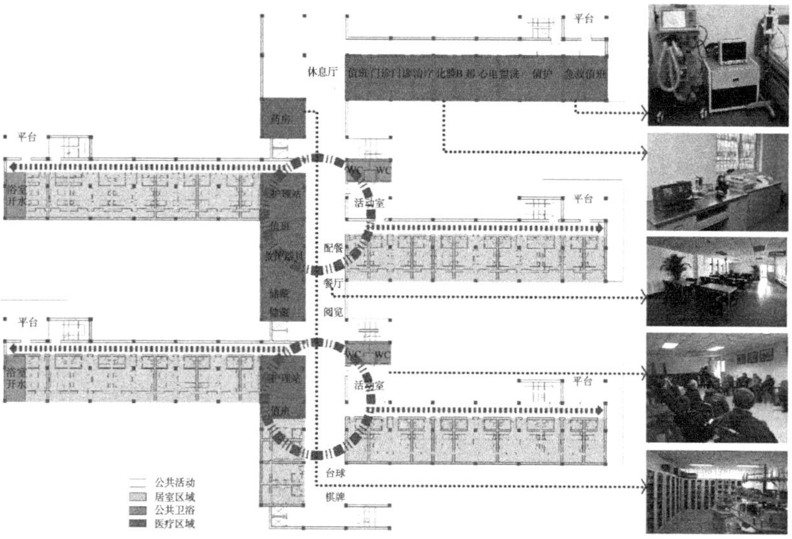

图3-21　标准层平面功能布局

（来源：杨艳梅《医养结合型养老设施建筑设计策略研究》及网络图片）

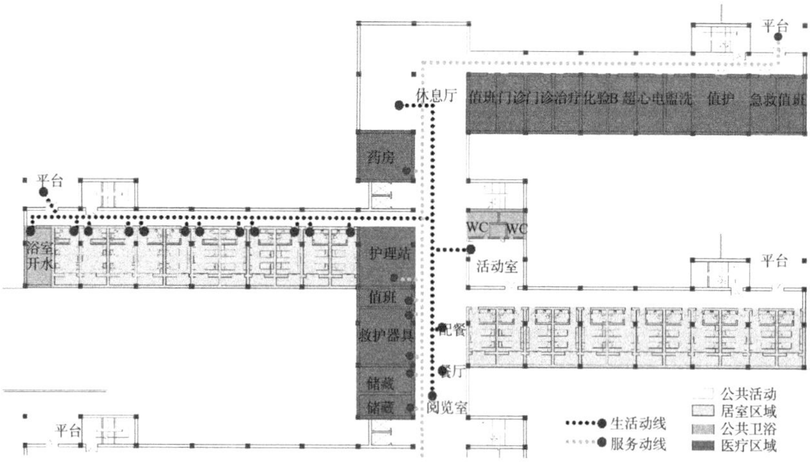

图3-22　标准层局部流线分析

（来源：杨艳梅《医养结合型养老设施建筑设计策略研究》）

　　医疗用房的设置主要包括诊断室、治疗室、病案工作室、化验室、康复理疗室、门诊科室等，基本集中在建筑北向，主要给护理人员使用，老人只有在突发疾病的时候才会被送到该区域进行治疗。除此之外，还有一部分设置于建筑中轴的一侧，主要配备护士站、药房、值班室等辅助监控类用房，以满足对各居室单元进行日常检查的便捷需求。虽然这部分医疗区域没有直接的治疗功能，但却是"服务"与"被服务"联系最为密切的空间。

（2）居室设计：居住单元以单侧外廊的形式布局，强调人与外部空间环境的互动，不仅最大化满足老年人居住环境日照的条件，还遵循循证设计的理念，将充足的日照与良好的景观视线作为充满疗愈可能性的重要因子引入建筑设计当中。另外，还在居住单元的尽头设有平台，作为该单元老年人独立使用的交流活动空间，使他们在不离开各自居室太远的情况下也能满足相互交流的心理需求。为了方便老年人的使用，在每个护理单元的端头都设置了疏散楼梯，并在一楼各疏散出入口设置有无障碍通道。考虑到轮椅、担架的通过性，建筑中部竖向交通采用电梯形式。各居室则根据老年人自理程度按照不同楼层设置，自理老人居室分布于一、二、三层，四、五、六层则是供半自理和全护理老人生活的居室。可以看出，任何房间的使用者都能方便到达平台和中央活动区域，特别是各生活单元端头的建筑灰空间，使得老年人更易找到相互交流的场所，开放式的空间处理使建筑与环境的关系渗透更为密切。

居室内部整体来说相对老旧，不过各个房间都在每个床位的床头配备了电子呼叫装置。居室空间尺度适宜，能够顺利运行轮椅。每个居室都有户外阳台，加之体量之间较大的间隔，保证了充分的阳光摄入。卫生间布置了无障碍扶手和助浴设施，且淋浴和盥洗之间有一定隔离，提高了其使用效率也增强了老年人私密性。此外，设计还特地考虑将淋浴区的下沉楼板上面赋以栅格的木板，既相对防滑又使排水自如（图3-23）。

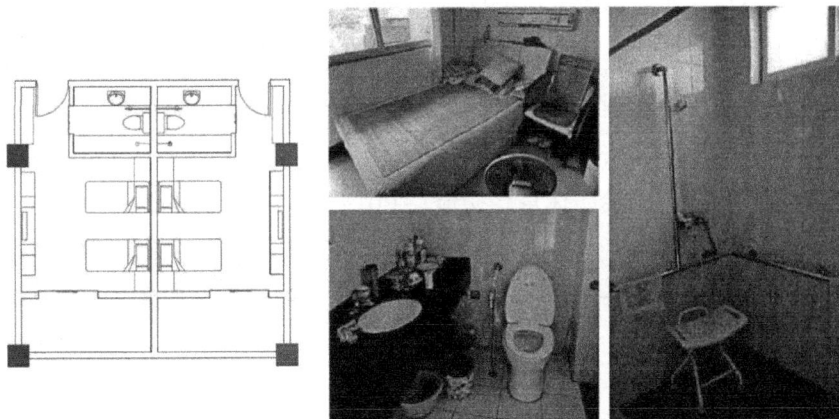

图3-23 双人间居室配置
（来源：杨艳梅《医养结合型养老设施建筑设计策略研究》）

（3）软件配置：该机构建立了完善的入院管理流程，主要对老年人进行分类与机能评估（图3-24）。此外，还建立了全院防感染控制制度，确保了随时送医上门、每日查房巡诊制度全面落实，对全院老人都设立病历档案，以提供及时、可靠、满意的医疗保障。

在护理方面，该院制定了专门的护理流程，严格实行分区、分级护理和一岗双责制（医疗护理、生活护理责任制），建立了目标考核质量管理体系。一旦发生紧急状况，福利院首先进行初步处置，在与老年人家属达成一致意见后，送往综合性医院。

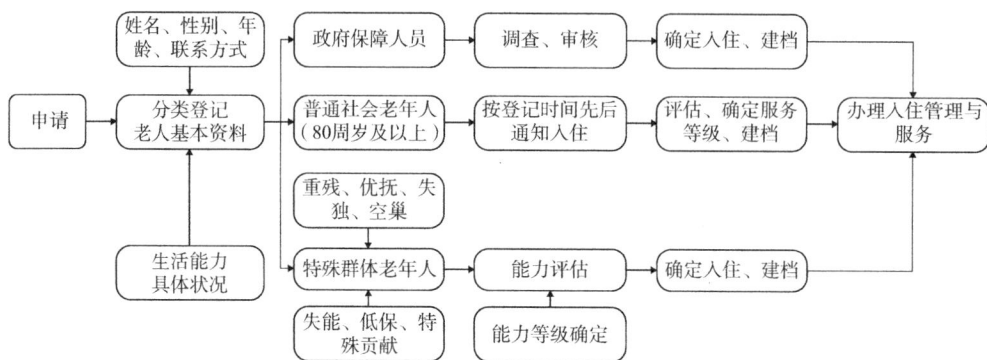

图3-24　入院管理流程
（来源：杨艳梅《医养结合型养老设施建筑设计策略研究》）

3.评析总结

该设施是集约化养老的一个典型案例，就像前文所说，它在处理居室空间、医疗空间和公共空间三大板块之间的关系上提供了一个思维亮点：将医疗空间作为公共活动空间。但在集约化与分散化的处理方式上，似乎可以有更好的办法。就拿医疗部分来讲，建筑单独设置北面一整个体量为医疗与办公的区域，它们相对独立于居住体系之外，合理地隔开了工作人员与老年人的流线，但是在实际操作中，医护人员会走冗长的路线才能到达老人的居室。其实在集约单独处理医疗功能板块的同时，可以往各个居住组团中也放置一些医疗空间。借鉴医院的处理方法，在整个养老设施中也形成几级医疗的流程。医护人员可以在独立的医疗区域内进行会诊、休息、交流；在中央活动区域的护士站中进行对于老人的监控与辅助；在居住组团的医疗板块中，执行日常的医疗检查与药物管理。其次，分楼层对不同自理能力的老人进行分区管理，这样一来，可以根据不同程度老人所需要的特定医疗护理需求设定空间大小。

3.3.3　日本淑德共生苑[①]

1.开发模式

淑德共生苑建成于2007年，是由教会学校淑德大学出资设立的非营利社团法人机构，位于日本千叶县千叶市，全部设施按照日本国家颁布的看护设施标准设计新建。设施包括

---

① 主要资料来源：朱蓉.日本养老设施案例分析及启发[J].城市住宅，2015（07）：22-28。

一个养老机构及一个附设的内科诊所,是千叶县政府核定的以重度监护为主的养老看护设施。该项目收容的老年人看护等级主要都是居家不能自理的对象。入园老人的平均年龄86.5岁,其中年龄最大者106岁,最小者64岁。所有入园费用都来自于入住者的养老保险,没有自费情况,是一所完全民营非营利机构,政府不出资,但给予税收方面的免税政策。

2.规划设计

该项目由夏目设计事务所和株式会社佐藤综合计画设计。佐藤综合计画是一家历史悠久的日本大型建筑设计公司,擅长设计大型公共设施,尤其在医疗及看护养老设施的设计方面,有非常多的优秀案例及成功的实践经验。该项目也获得日本建筑业协会奖,代表了目前日本非营利养老设施的较高水准。

1)总体布局

淑德大学以大乘佛教的相生理念为基础的建校精神,作为实践场所设立了这所特别护理疗养院。淑德共生苑总建筑面积7646m^2,分10个单元共设置了100间单人间,占据了淑德大学千叶校区附近以及运动场南面得天独厚、绿意盎然、环境优美的高地居住环境,紧邻联系高速路的城市干道,交通便利。建筑依据场地形状,以两组院落围合式的建筑组团组合而成(图3-25、图3-26),在两组建筑的结合部设置南向主要出入口,以开放的庭院形成入口对景(图3-27、图3-28)。这种布置方式会增加亲切感,使来访者较快熟悉建筑,同时尽可能争取到良好采光。这两个院子,加上大楼间的中庭及屋顶小花园(图3-29、图3-30),使整个建筑室内外相互渗透、紧密联系,为老年人提供了绿色、安逸的生活环境。[1]

图3-25 日本淑德共生苑鸟瞰
(来源:朱蓉《日本养老设施案例分析及启发》)

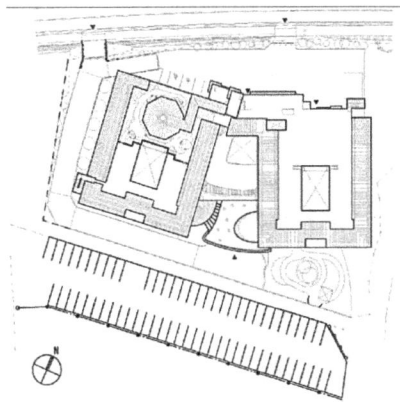

图3-26 日本淑德共生苑总平面
(来源:朱蓉《日本养老设施案例分析及启发》)

---

[1] (德)艾克哈德·费德森,(德)伊萨·吕德克.全球老年住宅:建筑设计手册[M].周博,范悦,陆伟译.北京:中信出版社,2011。

图3-27 入口大厅
（来源：艾克哈德·费德森等《全球老年住宅：建筑设计手册》）

图3-28 入口对景庭院
（来源：朱蓉《日本养老设施案例分析及启发》）

图3-29 室外庭院
（来源：艾克哈德·费德森等
《全球老年住宅：建筑设计手册》）

图3-30 屋顶花园
（来源：朱蓉《日本养老设施案例分析及启发》）

2）功能配置

由于这里是大学附属的看护机构，担负一定的实习、教学任务，在一层的一侧设置了比较完备的教学、交流空间，有各种实习教室、会议交流以及附属接待、公共餐厅等功能。为了发挥这座设施较好的看护、诊疗资源，一层的另外一翼还设有一个日托中心，一些生活可以自理的老年人，上午8点到下午5点，可以由专用校车接到这里，接受全天的教育、交流、饮食、沐浴，成为独居老人们白天群处的乐园（图3-31）。利用场地高差，在入口一侧的下层空间附设一个内科诊所，相对独立又内部连通，既可为入住的老年人服务，还可方便周边居民（图3-32）。二层至四层是能够容纳100位老人的特别康复场所，包含短期住宿的十个单元房间。在顶层西侧的屋顶花园里设置了八边形环绕的、专门供入住老人参拜的佛堂——月影楼（图3-33）。由于淑德大学是佛教学校，每周五会请附近寺院的僧侣来讲经，并与入住老人进行交流，给老人以很大的心理寄托。这里也常常成为举行家庭亲子聚会的多功能厅，同时也提供屋顶绿化区让老人们参与种植。

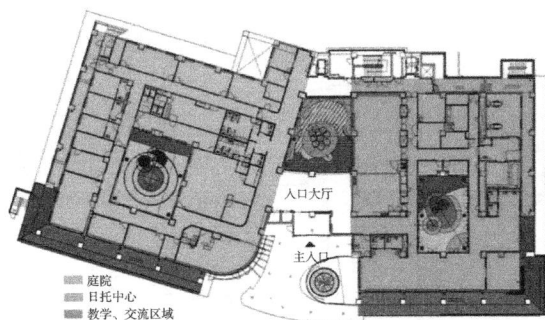

（a）一层平面

（b）一层日托中心

图3-31　一层功能布局
（来源：艾克哈德·费德森等《全球老年住宅：建筑设计手册》）

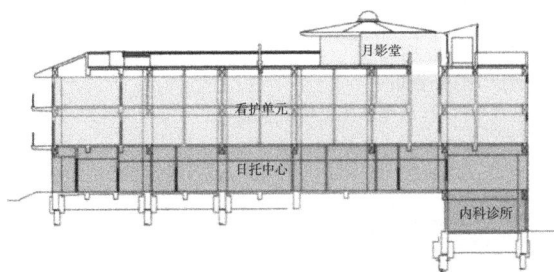

图3-32　内科诊所所在位置示意图
（来源：艾克哈德·费德森等《全球老年住宅：建筑设计手册》）

图3-33　屋顶佛堂——月影堂
（来源：艾克哈德·费德森等《全球老年住宅：建筑设计手册》）

3）设计分析

本项目以"我们的家"作为设计理念，主要包含以下五个精心构思：

（1）单元组成：每个单元由一个集中的公共区域和周围十个带卫生间的单间组成。单元的入口设置在建筑内部的北侧。两个看护单元组合成一个看护组团，组团内两组看护单元之间的看护人员、设施可以相互借用，提高服务效率，也增加了两组入住人员之间的交往机会。每个看护组团呈围合内院式布局，整体感很强，整个设施由两组护理组团组成（图3-34）。

（2）公共区域：公共区域的设计借鉴了家庭起居的模式，设置厨房、家庭料理台、家庭式餐厅、家庭起居室等（图3-35）。餐食统一配送到护理单元，以家庭厨房方式提供给单元内老人。老人们在这里类似于生活在一个大家庭里，可以下厨配餐、围桌共餐，还有绘画、缝纫、手工等适合老人的活动空间，也有大家一起看电视的家庭起居交流空间。

（3）居室：所有居室开窗都设计成面向南或东西方向。考虑到居住用户的不同嗜好，每个单元由十个房间组成，其中包括面向公共区域中央附近的两间日式房间。西式房间中只布置了床，大部分家具可由居住者根据自己的喜好配置，旨在为老年人创造如家一样的空间环境。

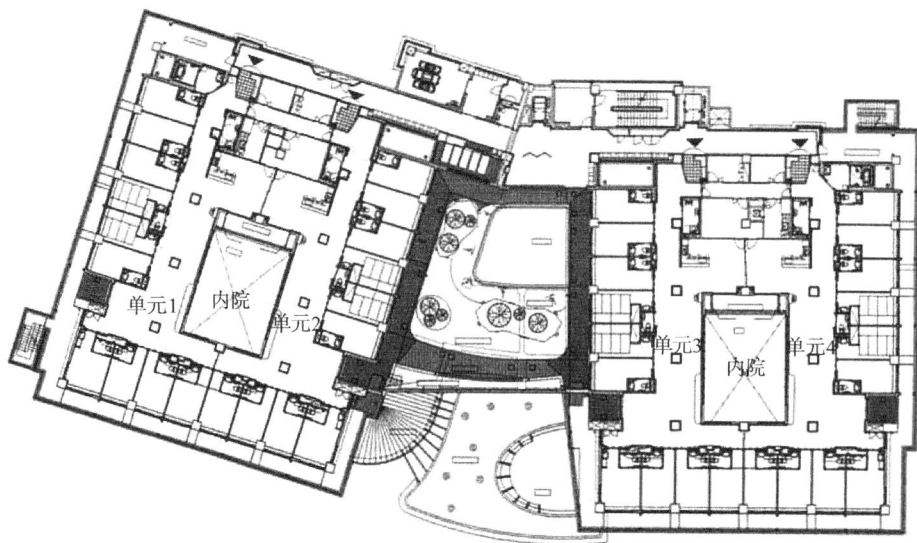

图3-34 标准层看护单元平面
（来源：艾克哈德•费德森等《全球老年住宅：建筑设计手册》）

（a）家庭起居室 （b）家庭式餐厅

图3-35 看护单元公共区域
（来源：艾克哈德•费德森等《全球老年住宅：建筑设计手册》，朱蓉《日本养老设施案例分析及启发》）

（4）卫生间：在每个单元内设置了可使用轮椅和专用小便器的公共卫生间。在所有居室内均设独立卫生间，包括洗手盆及坐便器（图3-36）。从老年人安全角度考虑，独立卫生间不设置洗浴设施。

（5）浴室：相邻的两个单元内设置了可在护理人员帮助下使用的单人浴室。另外，东北角的风景比较优美，二层和三层分别设置了特殊浴室和普通浴室（图3-37）。特殊浴室对生活不能自理的老人更显重要。这是一套全程无障碍的辅助入浴设备，不能自理的老人可以在护理人员的帮助下，从房间的卧床转到专用的洗澡吊篮，通过每个居住房间通往浴室的吊轨系统，躺在吊床上被工作人员送达浴室，浴室里设有全自动洗浴设备，老人躺在床上能享受全程洗浴，这套系统也大大节省了看护人员的工作强度，降低了老人由于洗澡而受意外伤害的风险。

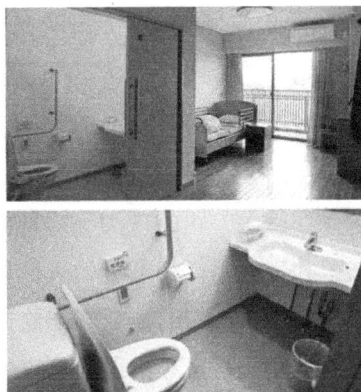

图3-36 居室内卫生间布置
（来源：朱蓉《日本养老设施案例分析及启发》）

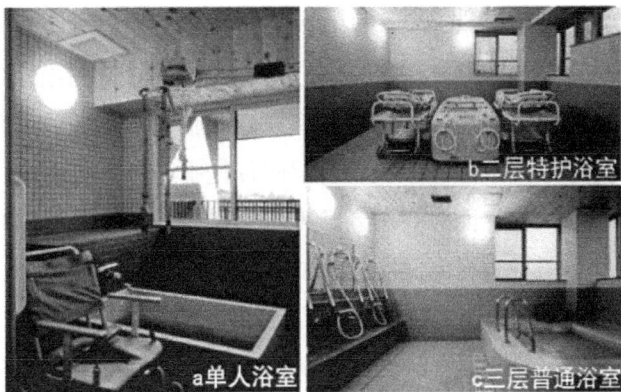

图3-37 不同类型浴室内景
（来源：艾克哈德·费德森等《全球老年住宅：建筑设计手册》）

整个建筑呈日式风格，这不仅是一个单纯的怀旧样式，更是一种为了更好地融入日本风俗生态系统而采用的格调（图3-38）。例如，推拉门是为了把光线扩散开来，使室内的亮度更加柔和。门廊成为热缓冲空间。此外，在屋顶设置的月影楼，老人们可在夏季的傍晚举行乘凉会，在冬季的晴日里遥望富士山。

图3-38 淑德共生苑建筑风格
（来源：艾克哈德·费德森等《全球老年住宅：建筑设计手册》）

3. 评析总结

淑德共生苑在选址布局、环境塑造、细部设计、人性化服务以及创建模式等方面，值得我们学习与借鉴。

（1）设施紧邻连接高速路的城市干道，既方便老人的儿女亲友前往看望，又方便老人参与熟悉的城市生活。单元化、组团式的布局模式打破了传统养老设施大规模、集中式建设的弊端，营造的尺度更亲人、环境更舒适，使老年人更易于接受这样的居住环境、也便于高质量服务的展开。

（2）在用地紧张的情况下，仍设法营造幽雅的环境。利用绿化中庭使各层共享内部环境，在屋顶开辟种植小农场，为老人提供了多种活动方式。

（3）看护单元设计从布局到装饰都力图创造一个温馨的家庭氛围，既有老人的私密空间，又有共享交流空间，满足老人从生理到精神层面的多种需求。

（4）设施规模适中、管理规范、服务多元。目前有全托服务、日托服务、上门服务及社会服务的全业态服务。首层的日托中心及下层的内科诊所，增加了养老设施的服务半径和服务人口。面对我国老龄人口数量与养老床位的供给数量存在巨大差距的现实，这种提供部分服务、面向健康老人的养老模式非常值得推广。在淑德共生苑里，细节上的人性化处理同样精彩：墙壁采用了"光触媒"技术，将浓重的药味及老年人自带的体味转换成好闻的气味；地板由软质材料制成，以防老人摔倒时受到更重的伤害；还有尊重老一辈人的传统习惯设立的、供老年人抚慰心灵的月影堂。

（5）淑德共生苑是大学附属的看护机构，附设的内科诊所可为入住老人及周边居民服务。对于医疗资源短缺的我国很有借鉴意义。此外，理论与实践紧密结合是该设施另一大特色。首先学习与老年人相关的理论知识与技能，再进入附属实习基地（即该设施）进行实践操作。实现了在实践中检验理论、发展理论，提高理论指导实践的真正价值。

3.3.4 日本钏路北医院 [①]

1. 开发模式

1988 年，钏路市爱国地区内建成了旧钏路北医院，并在 1993 年发展成全国最大的疗养型医疗设施。以六人间为标准，专门接待对护理程度要求较高的重症老人。随着医疗制度的改革，该院开始逐渐引入单人护理病房。这是日本"夕秀之里"规划项目的前身。随着对老年人生理心理需求的不断探索研究，对于病后老年人动态康复的过程提出了新的要求，即不同阶段需要进入不同设施进行护理。于是，开始了配套康复设施的建设。1996 年，"夕秀之里"兴建了养老保健设施，2002 年，该基地又着手建设了全是单间的新型关爱型特养设施。在配套设施的建设过程中，于 2004 年完成了钏路北病院的全体搬迁。此后，医院引入了全单间的设计理念，以特别养老照护要求为准则，成为了集体关爱的全国医疗体系机构示范基地。

2. 规划设计

1）总体布局

钏路北病院为 5 层钢筋混凝土结构，占地 $29063.85m^2$，建筑面积 $11598.62m^2$，共设

---

① 资料来源：余涵. 关于日本养老设施建设与发展的研究[D].成都：西南交通大学，2013。

244个床位（图3-39）。^① 位于"夕秀之里"规划用地的核心区域。由于入住老人多需要长期在此疗养，设施选址远离主要交通干道，坐落在钏路绿地旁，连接钏路湿地，被良好的绿化带所包围。通过笔直通畅的次要通道与主干道相连，既保证了老人疗养环境清净不受干扰，又有便利的交通以对应紧急入院治疗的情况。与之对应的，该设施的服务半径包括了周围的护理老人之家、照护老人保健设施、日间照护中心、特别养护老人之家。凭着便捷的交通要道，使得以上设施的老人能在身体状况出现问题时及时就医（图3-40）。

图3-39　日本钏路北医院外景
（来源：http://www.hjg.jp/kitahp.htm）

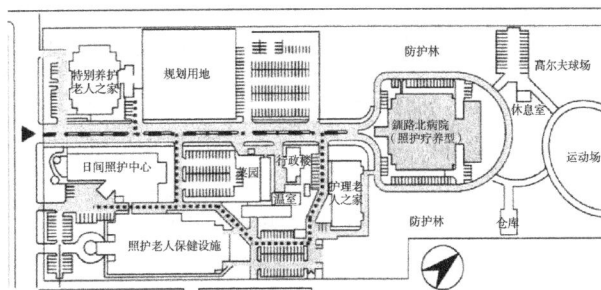

图3-40　日本钏路北医院外部交通流线
（来源：余涵《关于日本养老设施建设与发展的研究》）

2）功能配置

作为全单间照护疗养型医疗设施的范例，该设施在功能分区和设计中有其独特之处。设施分为医疗和养老两大部分（图3-41）。一层为主要活动区域，包括了接待大厅、诊断室、放射科、CT室、检查室、药房、会谈室、办公室、美容室等对外功能（图3-42、图3-43）。二层至五层为住院部，提供老人安静舒适的疗养环境（图3-44）。病房引入单元式护理的模式，将每层作为一个治疗单位，划分成五大共同生活单元，每个单元含12个病房。每个单元分别设置餐厅、起居室、卫生间等生活用房以及单独的护士站。单元之间用谈话室作连接空间，既完成了空间的过渡，又增加了空间的多样性。由于该医院是全单间形式，每个治疗单位还单独设置了一间夫妻共用病房，方便老人夫妻共同接受医疗护理。

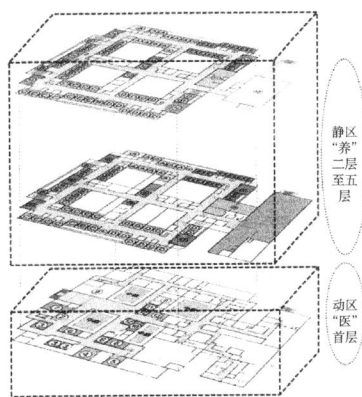

图3-41　日本钏路北医院功能配置示意
（来源：余涵《关于日本养老设施建设与发展的研究》）

---

① 资料来源：日本钏路北医院官网，http://www.hjg.jp/kita/kitagaiyou.htm。

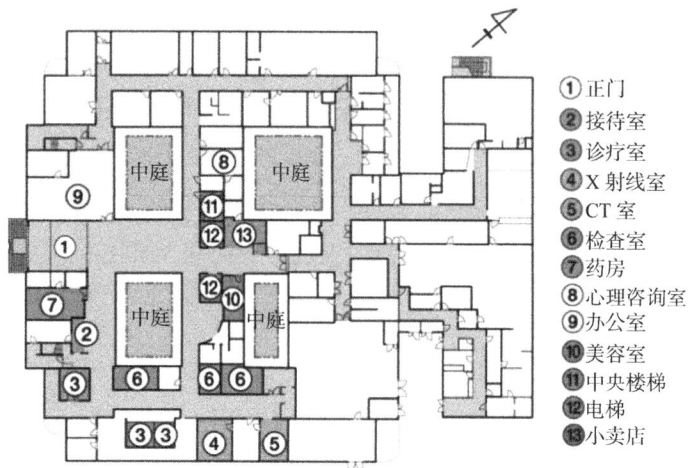

图3-42　日本钏路北医院一层平面
（来源：http://www.hjg.jp/kitahp.htm）

① 正门
② 接待室
③ 诊疗室
④ X 射线室
⑤ CT 室
⑥ 检查室
⑦ 药房
⑧ 心理咨询室
⑨ 办公室
⑩ 美容室
⑪ 中央楼梯
⑫ 电梯
⑬ 小卖店

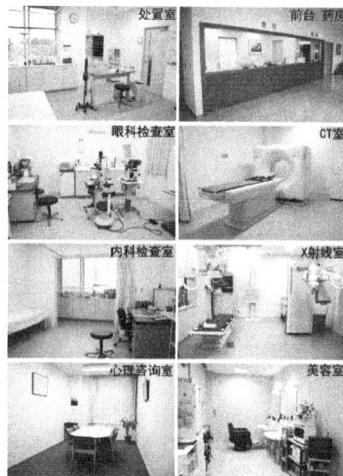

图3-43　日本钏路北医院一层用房
（来源：http://www.hjg.jp/kitahp.htm）

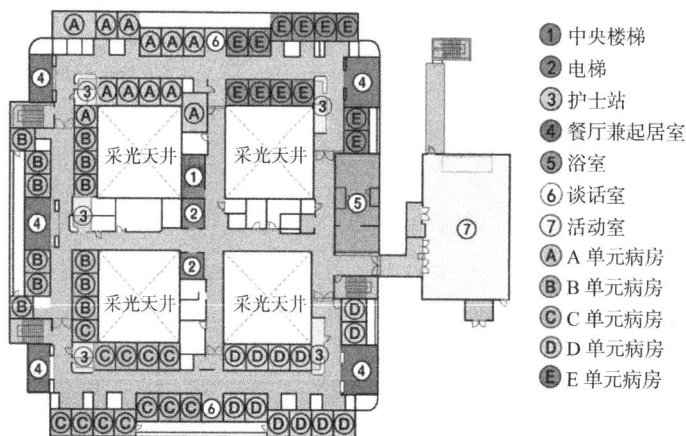

① 中央楼梯
② 电梯
③ 护士站
④ 餐厅兼起居室
⑤ 浴室
⑥ 谈话室
⑦ 活动室
Ⓐ A 单元病房
Ⓑ B 单元病房
Ⓒ C 单元病房
Ⓓ D 单元病房
Ⓔ E 单元病房

图3-44　日本钏路北医院标准层平面
（来源：http://www.hjg.jp/kitahp.htm）

3）设计分析

（1）照料模式：

医护人员与老人像家人一样生活在一起，在维护了老人隐私的同时，使老人得到了家庭式的服务照料，满足了老人的情感关爱需求。图3-44为设施标准层平面。其中A～E是5个小型的共同生活单元，将老人分为5个小型护理生活之家。各单元均配有：护理服务站；餐厅兼起居室；浴室，配置着多种理疗式特殊浴缸供老人使用；谈话室，加强了单元之间的联系，使之成为一个整体，并且，几个单元之间的谈话室风格不同形式各异，多为老人参与布置设计，促进了老人交流互动的能力外，在很大程度上避免了久住病房产生的不良情绪。此外，5个单元分别采用不同的色彩装饰，便于老人和来访者识别，又增加了活泼多变的生活氛围。

（2）流线分析：

在医疗建筑的设计中，平面流线的布置，与照护效率的高低有直接联系。过于狭长迂回的流线，不仅增加了医护人员的人力成本和时间成本，在特殊情况和突发事件中，还有可能会因未能及时处理而产生不良的后果。钏路北医院，平面流线在空间上形成了回路，每个生活单元设立护理工作站。在与餐厅相对的转角，形成半开放的工作空间，并构成工作流线上的节点（图3-45）。方便医护人员在进行文案工作或休息的同时，也能对老人进行适时看护，随时掌握着老人的身体状况和照护进程，提高了照护强度。简洁的工作流线也为其他生活单元的医护人员提供了极大的便利，使得各护理站的工作人员能在紧急情况下，以最短的时间赶到现场提供帮助。虽然看似增加了护理站的数量，却能以较少医护人员满足较多老人的需求，高效地利用了资源，大大提高了工作效率。护理站的接待台下方设置了适合老人和轮椅高度的扶手，也是老人经常喜欢驻足休息、与人交流的地方（图3-46）。

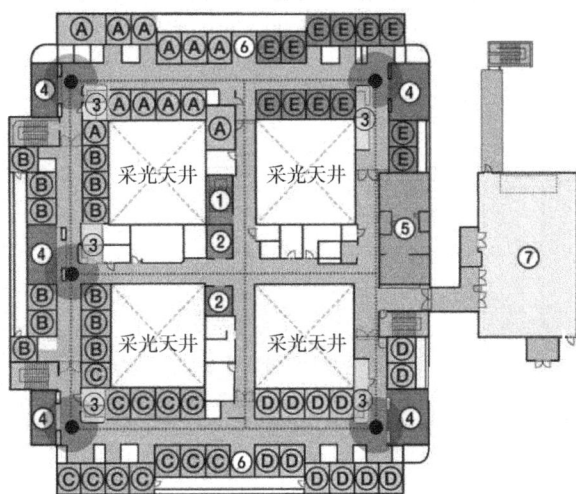

图3-45　日本钏路北医院标准层流线分析
（来源：http://www.hjg.jp/kitahp.htm）

图3-46　日本钏路北医院护士站
（来源：http://www.hjg.jp/kitahp.htm）

（3）适老化设计：

A. 门厅和起居室（图3-47）。门厅作为连接建筑室内外的半公共空间，为前来探病的家属和前来疗养的老人提供了良好的交往空间。考虑到老人的身体状况，门厅设置了大量的休息座椅和休息茶室，地面铺装和桌椅的选择为自然色系，摆设也多为木材制品，营造了亲切舒适的氛围。起居室设置于生活单元内部，有单独的操作台，老人可以自己动手参与泡茶煮咖啡等简易活动，老人们在此喝茶聊天，或进行一些简单的棋牌活动，完全不同于我们对医院的理解，创造出了温馨的家庭氛围。

图3-47　日本钏路北医院门厅和起居室
（来源：http：//www.hjg.jp/kitahp.htm）

B.病房（图3-48）。设施内病房全为单人间设计，有效使用面积8m² 以上。根据入住者身体状况的差别，病房内病床有所差异。自理程度较好的老人使用一般病床，病床高度设计满足老人人体工学尺度，对于自理程度较差的病人，安排入住专用病室，病床经过了专门设计，一侧有垂直于病床的专用扶手，以防老人下床时跌倒和提供老人站立时的辅助支撑。

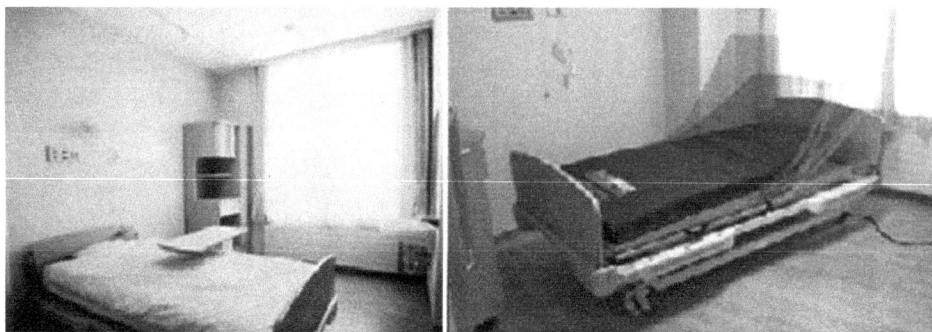

图3-48　日本钏路北医院病房
（来源：http：//www.hjg.jp/kitahp.htm）

C.细部处理。地面标识系统清楚的表明了各单元的前进方向，给入住老人和探望的家属提供了便利。设施内护理情报灯分为5种颜色，每种颜色对应一个区域的老人，照护人员可以通过颜色的明暗区分老人的照护需求，以充分的提高工作效率（图3-49）；医院内部所有扶手都按老年人体尺度设计，方便老人站立和轮椅老人的使用。老人浴室有专门的洗浴工具，针对不同身体状况老人，提供不同的入浴服务（图3-50）；由于该设施使用者多为轮椅或卧床不起的高龄老人，在紧急时刻（火灾或地震等灾害）采取垂直方向的避难流线显得比较困难。设计中，根据每照护单位（每楼层为一单位）划分3个防火分区为原则，一旦灾害发生时，老人会被优先安全疏散至各防火分区避难，等待救援人员的到来；作为医疗设施，卫生问题被提到首要位置。老年人易患呼吸道疾病，钏路北病院则利用气压原理，将病房内气压控制低至走廊和室外空间的气压，各病房的新鲜空气则由单元内部和公共走廊提供，由病房和卫生间排除。这样一来，大大降低了

图3-49 日本钏路北医院标识系统
（来源：http://www.hjg.jp/kitahp.htm）

空气感染的风险；室内色彩的运用摒弃了传统白墙白床单的医院风格，采用温暖明快的暖色系色调，到处可见老人手工制作的装饰品，增添了活泼的氛围（图3-51）。

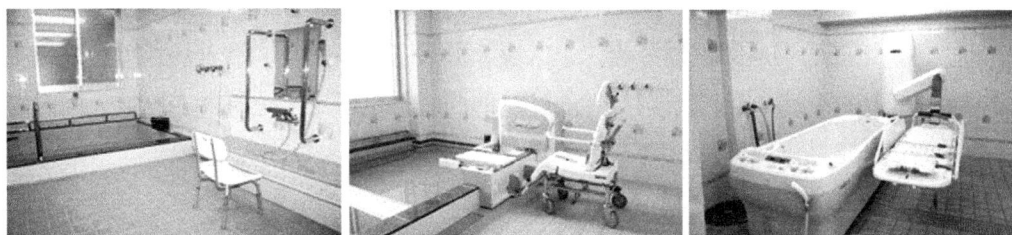

图3-50 日本钏路北医院入浴设备
（来源：http://www.hjg.jp/kitahp.htm）

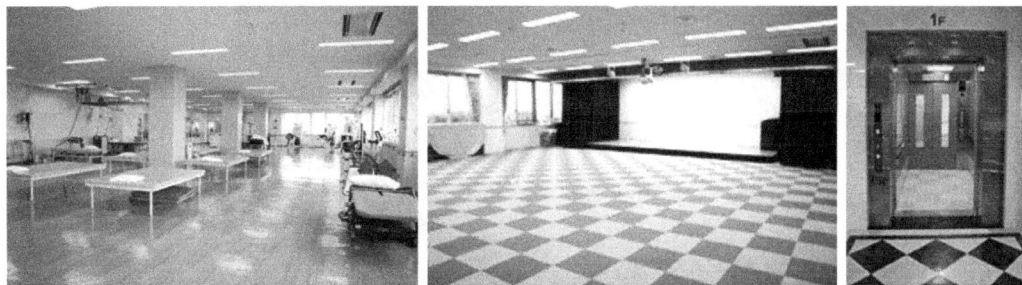

图3-51 日本钏路北医院室内色彩
（来源：http://www.hjg.jp/kitahp.htm）

3. 评析总结

本案例是以"医疗照护"为核心建成的医养结合型设施，服务设施内老年人的同时还向周边多个养老设施辐射其医疗功能，这种经营模式大大提高了服务效率也优化整合了社会资源。该设施从整体布局到细部处理，并没有完全遵照传统医院设计的固有思路和方法，尤其是病房的单元式护理模式，采取以大化小的处理方式，打造出了亲人尺度、居家氛围以及每单元设置护理站等交流空间的人性化服务，结合清晰标识和温暖色调，为老年人创造出真正可以让他们安心、舒心进行康复、治疗的居住生活空间。

3.3.5 德国纽伦堡智力衰退人士康复中心 [①]

1.开发模式

纽伦堡的智力衰退人士康复中心，是德国第一个把医疗服务和专业看护，家属和基本公共服务以服务网的形式联系起来的自发性机构。看护服务提供商发起了一个建造竞标，来自柏林的费德森建筑事务所赢得了这个项目，迪亚克尼养老院为其经营者。中心建成于2006年，提供信息咨询、防护型协助、看护服务和治疗服务。

2.规划设计

1）总体布局

康复中心使用面积 3513m²，是一座中等规模的 3 层高建筑，这在德国城市里很常见，通常以总部的形式出现。设施建造在一片规整的矩形地块中，由 A、B、C 三个体量相当的立方体，通过楼梯间联系，一前一后交错布置而成，即形成了入口内凹的、半围合的空间格局。建筑之外的场地则被划分为三个区块，形成了三个庭院。沿着场地周边（除主入口之外）是一圈绿化带，创造亲切自然的环境的同时，也限定了建筑所在区域，同时，结合绿化带的设计道路也就自然形成（图 3-52）。

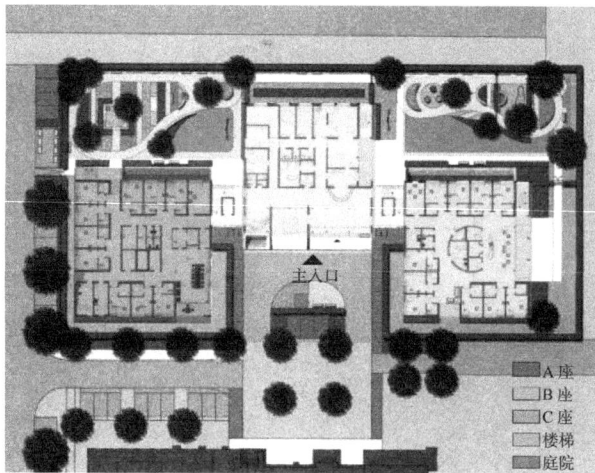

图3-52 纽伦堡智力衰退人士康复中心整体环境布局
（来源：艾克哈德•费德森等《全球老年住宅：建筑设计手册》）

2）功能配置

康复中心主入口设在建筑中部体块，这里有一个烤炉和一个烟囱，除此之外，是一些可以进行咨询、举办活动（礼拜堂）和进行看护训练、治疗康复的房间（图 3-53）。两侧

[①] 资料来源：（德）艾克哈德•费德森，（德）伊萨•吕德克.全球老年住宅：建筑设计手册[M].周博，范悦，陆伟译.北京：中信出版社，2011。

体块内则布置更安静、更具有私密性的居住空间，加上二至三层的居住用房，整个康复中心可以为96位老人提供床位（图3-54）。二层A座中心设有一个庭院，B、C座中心各设一个形态不同的公共空间（图3-55），它们都由中心体块平分为左右两个区域，之间设门进行分割与联系。既可有效减少流线，提高服务效率，也便于两部分老年人的交流、服务资源的共享。每座都有2部楼梯可使用，保证了基本的疏散要求。居住区域的公共空间主要包括开放式厨房与餐厅、起居室、服务站、浴室、阳台等等（图3-56）。

图3-53 纽伦堡智力衰退人士康复中心一层公共区域用房
（来源：艾克哈德·费德森等《全球老年住宅：建筑设计手册》）

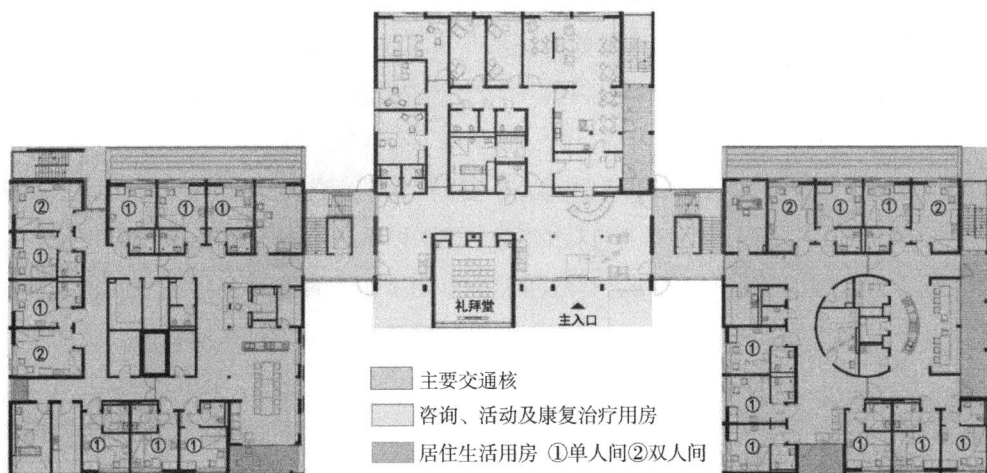

图3-54 纽伦堡智力衰退人士康复中心一层平面功能布局
（来源：艾克哈德·费德森等《全球老年住宅：建筑设计手册》）

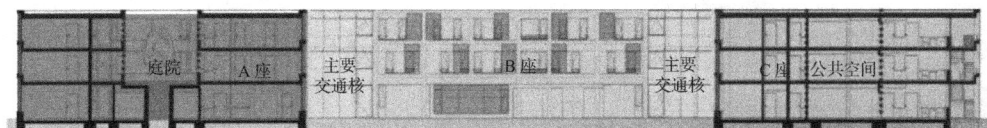

图3-55 纽伦堡智力衰退人士康复中心剖面
（来源：艾克哈德·费德森等《全球老年住宅：建筑设计手册》）

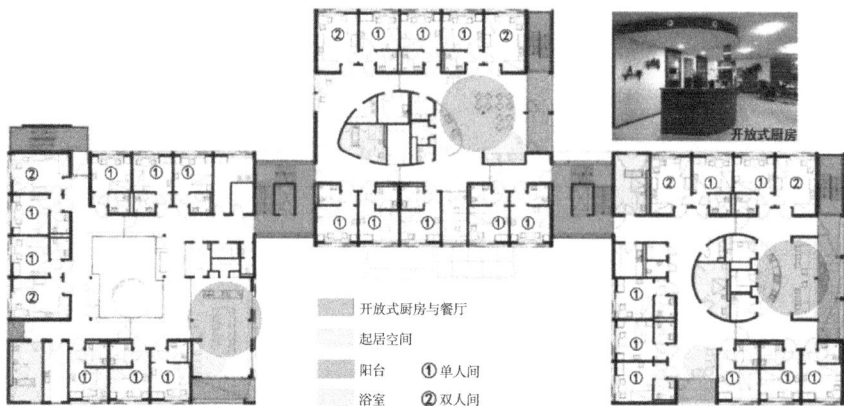

图3-56 纽伦堡智力衰退人士康复中心二层平面功能布局
（来源：艾克哈德·费德森等《全球老年住宅：建筑设计手册》）

3）设计分析

（1）建筑风格：

康复中心临街的外墙玻璃，鲜明地表现了中心对失智者的开放态度（图3-57）。这些像别墅一样的建筑围绕在前院的周围。一个个高高吊起的篷盖凸显了位于中心位置的入口大厅。刷成白色的外墙和开放的临街面，使其在周围建筑中脱颖而出，并与周围新建的住宅区"蒂利花园"融为一体。外部收敛的几个长方体通过带有落地窗的楼梯彼此相连，形成了不同系列的具有不同氛围的内部空间："院落型"有明亮而现代的内部花园（A座），"两面神型"是深色的保护性的类似孔穴感觉（B座），"乡村型"表现的是一种传统郊区生活的风格（C座）。3层楼每一层都有各自特点，基于这3种风格采用了不同的色调和建筑材料，营造出了多样化的氛围和生活环境。"两面神型"的手工石膏和"乡村型"的木条板材都会将老年人带回熟悉的感觉中，"乡村型"的石头墙甚至保留了石头原始的样子而没有用石膏覆盖，砖块表面使用简单的亚麻籽油涂抹，可以让失智老人从味觉上体验到乡村生活的感觉。

（2）细部处理：

A.居住房间。每个单元有12位老人一起生活在一个叫作"住客群"的组织里，8个单人间和2个双人间围绕着公共区域展开（图3-58）。进入每个房间的入口由锯齿状的小凹槽标识提醒，它们有着不同的装饰材料和色彩，便于

图3-57 纽伦堡智力衰退人士康复中心外景
（来源：艾克哈德·费德森等《全球老年住宅：建筑设计手册》）

失智者辨认。作为半公共的过渡区，老人们可以在此聊天、观望。除此之外，每个入口旁的木板架都可以根据老年人的要求进行个性化设计，比如可以贴上老人喜欢的照片等。下面的信报箱可以作为邮箱，其他老人或看护人员也可以在里面留口信。这一特征也延续了老人们之前的生活习惯，让失智老人更加熟悉。门的上半部分可以单独打开，这使得工作人员可以很容易听到或看到房间里发生了什么，而没有必要经常查房了（图3-59）。

图3-58　纽伦堡智力衰退人士康复中心居室内景
（来源：艾克哈德·费德森等《全球老年住宅：建筑设计手册》）

B.公共区域。安排公共区域时重点考虑了流线问题，尽可能将走廊最小化，使距离最短化，这样更经济也可以避免机构看起来像是医院。被划分为左右两部分的公共空间设置不同颜色的墙纸，这对有漫游症的失智老人非常有帮助，他们可以很容易地辨认出这里，并坐下来休息、聊天。

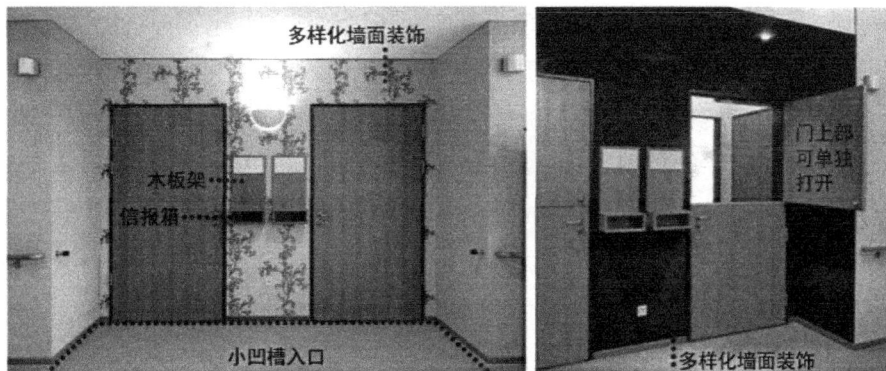

图3-59　纽伦堡智力衰退人士康复中心居室入口
（来源：艾克哈德·费德森等《全球老年住宅：建筑设计手册》）

（3）户外环境：

户外区域的设计由柏林景观建筑设计商哈姆斯·沃尔夫（Harms Wulf）承揽，他们选择并延续了市内设计的风格。花园可以进行多种活动，同时也适合沉思（图3-60）。私密的休息区沿着小路有间隔的排列，可供住客一个人坐下来或一小群人坐在一起。抬高的花坛使老年人可以直接接触到植物而无须弯下腰，这可以刺激老年人的触觉、嗅觉、视觉和味觉。巨大的窗户把室内外环境紧密联系起来，住客可以在室内或坐在窗台很低的窗户前或在床上，就可以感知到季节的变换。此外，还设置了可以使老年人镇静、消除疲惫感、放松心境的水幕（图 3-61）。

图3-60 纽伦堡智力衰退人士康复
中心医疗花园
（来源：艾克哈德·费德森等《全球老年住宅：
建筑设计手册》）

图3-61 纽伦堡智力衰退人士康复
中心水幕
（来源：艾克哈德·费德森等《全球老年住宅：
建筑设计手册》）

3. 评析总结

该设施非常注重人性化的细部处理以及亲切环境的塑造。建筑分组团围绕庭院布局；采取多样化的风格、使用多样化的材质、设置个性化的入口，结合多感官积极刺激的户外环境以及紧凑简短的流线处理，以打破传统医院的固有形象，尽量带给老年人熟悉、舒适的生活氛围。本案例是当地第一个为智力衰退人士建造的康复中心，是与当地的医疗中心合作的，纽伦堡埃尔兰根大学的心理病理学研究所，巴伐利亚阿兹海默氏症学会，作为住客亲属的咨询机构，可以为受这种疾病影响的人提供多领域的咨询意见。研究项目和初始评估肯定了这种概念的可持续性，基于这种概念，更多类似项目正在规划中，它们将被建于慕尼黑和上法兰克地区。

3.4 医养模式的评述与启示

3.4.1 美国

美国人口的老化与经济的增长同步发展，相比欧洲国家美国具有更强的经济实力来解决养老问题。自 20 世纪 40 年代进入老龄化社会以来，美国通过制定一系列政策法规和展开的深入研究，化危机、负担为商机和动力，逐渐形成了多元化的养老服务体系。在建设过程中，老年医疗卫生保障政策为老年人获得高品质生活起到了至关重要的作用。其体系由政府主导，企业参与合作，主要通过医疗照顾制度、医疗补助制度、补充医疗保险制度及长期护理保险制度为美国 65 岁以上老人提供医疗卫生和健康保健服务（表 3-5）。[①]在社区居家养老层面上，美国遵循普遍服务原则。例如，以医疗保险项目为基础，为老年人提供综合医疗服务为宗旨的全方位照顾计划"PACE"（The Program of All-inclusive Care for the Elderly）。总体来说，社区养老服务内容丰富、形式多样，囊括了老年人不同生命周期的各项需求，如病历管理、日间照料、家庭扶助、紧急处理等。

美国医疗保障制度一览　　　　　　　　　　　　　　　　表 3-5

制度名称	服务对象	服务内容
医疗补助	低收入者、贫困老年人	长期护理费用补偿
补充医疗保险	尚不能满足医疗需求的老年人	弥补未能覆盖医疗服务费用
医疗照顾	65 岁以上老人、残疾人及肾病晚期患者	短期专业护理保障
长期护理保险	需要长期护理而承担巨额费用的老人	专业、中级及日常护理

（来源：根据朱吉鸽《国外老年医疗保障体系进展与启示》P97-98 改绘）

3.4.2　澳大利亚

澳大利亚建有完善的社会保障体系，老年人享有失业救济、医疗保障、住房照顾和老年福利。该国同时实行全民健康保险制度，针对老年人（男 65 岁以上，女 60 岁以上）和领取老年退休金者，在公立和私立医院均可享受免费医疗照顾，可谓看病"零负担"。追溯其老年医疗服务体系的形成，已有三十几年历史，实行以区域为基础，以社区为依托，推进医院与社区资源共享的多层次服务体系，大体涵盖四种类型：如提供急性住院治疗的医院老年科，侧重住院康复治疗的康复医院，面向护理依赖性高的老年人的护理医院、轻度依赖型老年宿舍，以及主要提供家庭卫生服务的社区医疗护理小组、日间照料中心、家庭和社区护理机构等等。除此之外，澳大利亚为降低卫生费用、优化卫生资源，

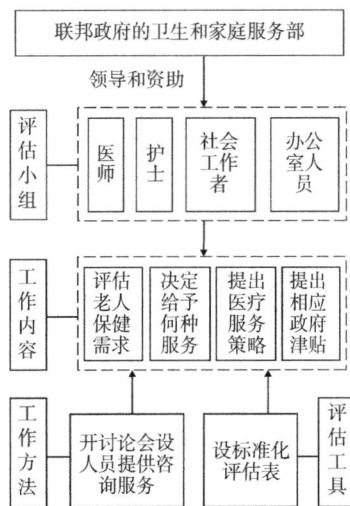

图3-62　澳大利亚老年保健评估制度

制定了老年保健评估制度（图 3-62），通过对老年人护理需求进行严格评估，筛选是否入院并确定护理等级，从而提升老年护理医院的使用效率。

通过对美国、澳大利亚两国养老模式的研究分析，汇总其对于我国社区养老建设的启

① 朱吉鸽，刘晓强.国外老年医疗保障体系进展与启示[J].国外医学（卫生经济分册），2008（03）：97-102。

示，具体如下：

（1）应建立健全推进社区养老服务的政策体系，充分发挥其指引性和保障性。主要包括服务内容、标准及对象的规定，责任主体权责和职能的界定，老年群体特殊性和共性需求的应对，以及政策的宣传、推广和调整。同时，健全养老服务评估机制，在管理水平、服务质量及监督制度上予以完善，从而有效防治养老资源的流失。

（2）促进养老服务主体的多元化，实现以政府为主导，企业、非营利组织、志愿者为重要参与者，从而实现低成本、低风险和高效率。

（3）应注重建设和完善社区养老服务设施，普及软性服务的专业化、社会化和层级化，以及硬件设备的可操作化、规模化和系统化，改善供给不足和区域差异。

（4）应加速提升养老服务从业人员的综合素养。全面提高其文化水平，加强服务人员和管理人员专业化、系统化培训，补缺专业知识，提高实践技能。

（5）应结合时代发展特征和老年人需求变化，不断补充和完善养老服务的内容，整合社会和社区资源，促进服务种类由单一化向多元化的转变。

3.4.3 意大利

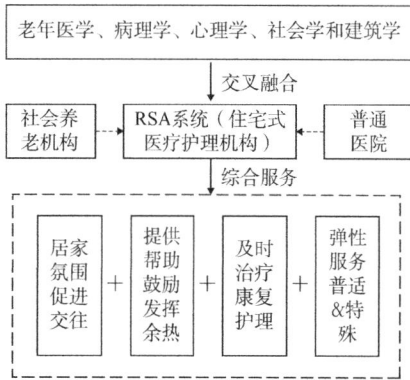

图3-63 意大利住宅式医疗护理系统

意大利是欧洲老龄化最严重的国家之一，在处理高龄化、多病症、功能性缺陷这些问题上，形成了一套非常成熟的应对方案，以"住宅式医疗护理机构"（Residenze Sanitarie Assistenziali，简称RSA）为例（图3-63）。该机构由医护人员构成，公共和私人联合运营，为需要长期护理的老人提供医疗护理、康复促进、临终关怀等服务。它不同于一般的社会养老机构，也与普通医院不同，为介于两者之间集养老和医疗为一体的综合性服务模式。为满足多方面需求，首先在建筑及其环境设计上，让老人尽可能感受如家一般的氛围，空间组织满足老人个体对隐私的要求，同时利于老年人的社会交往；其次，能通过适当、及时的干预对患病老人进行必要的治疗和康复护理；再次，为提高老人自主生活的能力提供个人帮助，鼓励他们发展个人爱好、发挥余热，从而提升老年人的幸福感和认同感；最后，实行弹性化的服务模式，向机构内和附近区域内老人共同开放，根据服务人群归类，形成普适性和特殊性兼备的服务中心。考虑到我国当前医疗设备的欠缺和老人病症的复杂，以及老龄化在社会发展和老人生活方面产生的诸多问题，致使机构养老的建设陷入困境，RSA正是集老年医学、病理学、心理学、社会学和建筑学等众多学科交叉研究，兼具多样功能、多种职责而成的典型案例，值得深思和借鉴。

3.4.4 新加坡

新加坡在养老方面的研究具有前瞻性，不仅体现在制定政策时间的超前性，其内容也具有较强预见性。1998年，在新加坡还未步入老龄化社会之时，政府就推出了专为老年人设计的一室套公寓房，其配套服务、相关设备和内部无障碍设计都非常考究，从而掀起了国内养老产业的广泛发展。经过数十年不断积累和发展，新加坡在原地养老和机构养老两方面，已形成独具特色的养老模式和服务体系，例如鼓励居家养老，为购买多代居组屋而制定的优惠补贴政策（图3-64），以及托老、托幼合建形成"三合一家庭中心"的日托服务等等。

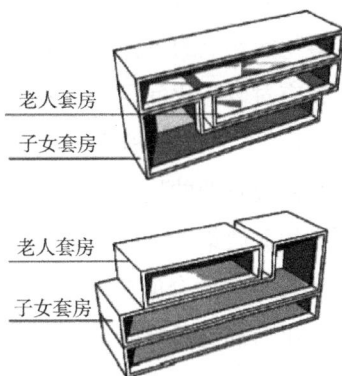

图3-64　新加坡多代居套房模式
（来源：王健《当代社区未来养老模式的可能性探究》P4）

在老年医疗保险制度上，该国实行由政府管理实施的强制医疗储蓄、社会医疗保险和社会医疗救助。2002年6月，为补充医疗筹资制度的不足，政府又制定了针对失能残疾老人的低费用保险项目。对非参保老人每月也会给予一定的现金补助。此外，新加坡还为老年人提供了类型多样的保健服务，涵盖从诊所、社区医院、护理院到康复保健中心、咨询服务机构等7项服务功能。

3.4.5 日本

日本面对错综复杂的老龄化问题，主要采取护理保险制度和覆盖全民的医疗保险体系有机结合的措施，并取得很大成效。就老年医疗保险体系而言，包含面向70岁以上高龄者及65岁以上瘫痪老人的高龄者医疗保险制度，针对参保退休老人的退休者医疗制度以及始于21世纪初的40岁以上公民必须参加的老年护理保险制度，同时配合科学合理的管理方法，根据被保险人申请调查确定保险等级和健康状况。在老年医疗服务体系方面，涉及医疗和保健两大类型，前者主要包括收容慢性病老人的老人医院和老人病房。后者则涵盖在宅服务型的介护中心、护理机构、日间康复站、阿尔茨海默症老人小组之家等等（图3-65），通

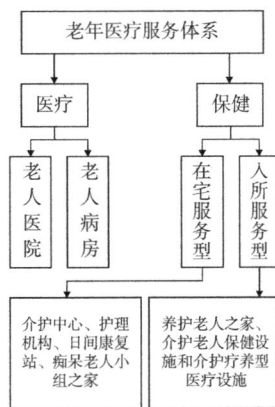

图3-65　日本老年医疗服务体系

过建立家庭服务员派遣制度和网点设施，特需生活用具的发放制度，以及在宅短期护理和日间服务等制度来改善养老环境。保健服务包含入所服务型的特别养护老人之家、介护老人保健设施和介护疗养型医疗设施等。通过政府的积极倡导和相关合作的推进，基本形成

了以家庭和社区康复治疗为主导的医疗服务体系。

同为亚洲国家的日本、新加坡，和我国有着相似的文化观念和法律体系。对于其在应对老龄化问题上的各种对策和实践经验，值得系统化研究。

在应对老龄化问题上，我们应立足本国特殊国情和传统观念，注重保护和改善传统家庭养老环境，同时加强养老居住设施和社区服务网络的建设。社区养老作为支撑家庭养老和整合社会资源的最佳载体，更应充分发挥其得天独厚的优势推进养老事业的发展。可通过制定相关政策鼓励社会各界的积极参与，促进多代同居、近居模式的发展，构建社区层面医疗与养老融合的多层级复合型服务体系。在规划设计上，考虑远近结合、弹性发展，通过优化布局进而提升老年人的身心健康。进行建筑设计时，更关注细节上的人性化和安全性处理，充分考虑不同生命阶段老年人的需求和特性。积极推动社会养老和医疗服务与社区相关组织、机构的团队合作，建立健全养老居住设施的营建体系，从而实现社区内资源共享，以点带面促进社区周边共同发展的双赢模式。

4 医养导向下养老居住设施的营建体系

4.1 相关评估的内容与意义

构建医养设施体系，首先应明确研究对象，即老年人身心状况和养老服务环境的现状特征和评价体系，以便更有效、更科学地指导养老居住设施的建设。老年综合评估是一种多维度跨学科的诊断过程，依据生物—心理—社会—环境的医学模式，对老年人的健康状况和影响因素进行综合评价，为老年患者制定合理有效的治疗、康复和护理计划，[1] 同时为老年人选择何种等级规模的医养设施提供必要的科学依据，从而构成老年人入住设施筛选机制的重要组成部分（图4-1）。养老服务评估是为科学确定老年人服务需求类型、照料护理等级以及明确护理、养老服务补贴领取资格等，由专业人员依据相关标准，对老年人生理、心理、精神、经济条件和生活状况等进行的综合分析评价工作（图4-2）。[2]

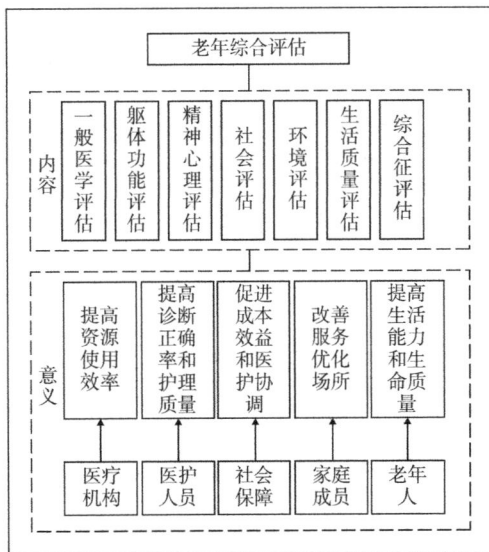

图4-1 老年综合评估内容与意义

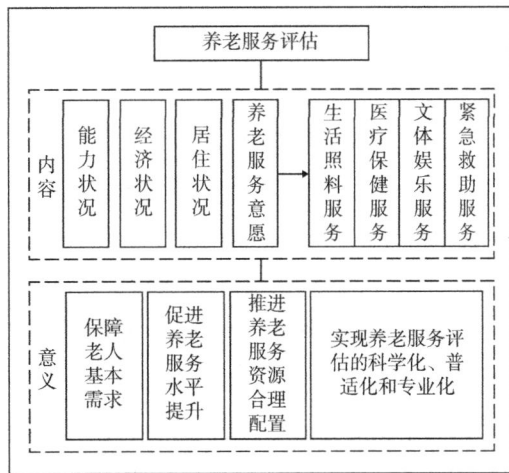

图4-2 养老服务评估内容与意义

---

① 宋岳涛.老年综合评估[M].北京：中国协和医科大学出版社.2012。
② 信息来源：中华人民共和国民政部，http://www.mca.gov.cn/article/zwgk/mzyw/201308/20130800498738.shtml。

4.1.1 老年综合评估

1. 内容

由于老年疾病大多无法完全治愈，因此，在老年人医疗照护过程中，如何综合评估他们的功能状况并准确对症干预至关重要。老年综合评估正是基于此目的产生发展而来的。它区别于一般医学评估，前者是以"老年人"为中心的一种诊疗模式，关注其全面健康状况和生命质量，而后者是以"疾病"为中心、关注器官疾病的诊疗模式。老年综合评估的内容广泛，主要涉及以下七个部分：

（1）一般医学评估是以疾病为中心的传统医学诊断模式，用于确定老人所患疾病及疾病的严重程度。

（2）躯体功能评估是对老年人日常生活能力的基本评估和工具性评估。

（3）精神心理评估是借助有效筛查工具，对老年人进行认知功能和情绪状态的评估。

（4）社会评估体现对老年人个人价值观、宗教信仰和临终愿望的尊重，对他们在适应社会能力、利用社会服务、经济状况和特殊需求等方面进行评价。

（5）环境评估是设施环境营建的重要参考依据,包括老年人生存的物理环境、社会环境、精神环境以及文化环境。

（6）生活质量评估是运用相关软件来衡量老年人的幸福指数，以便更有效地改善现状条件，提高生活质量。

（7）常见老年综合征或问题的评估是对老年人跌倒、痴呆、抑郁等综合征，以及压疮、便秘、肢体残疾等问题的全面评定，通过多学科整合、各团队协调，共同制定诊疗、康复和照护计划。

目前，涉及老年综合评估的种类主要有三种:按目的分类，如诊疗、康复、临床用药等；按场所分类，包括医院、社区和家庭;按时间分类，如院前、入院、院中、出院和院后追踪等。可根据服务的人群、环境和目标，选择适宜的老年综合评估类型。

2. 意义

伴随人口老龄化进程加快、医学模式转变以及老年健康观的改变，应对老年人的健康需求迅速成为社会焦点。老年综合评估旨在提高老人的健康水平和生命质量，其意义深远，值得研习。具体来说，主要体现在以下几个方面：

（1）对医疗服务机构来说:通过评估准确定位老年患者的身心状况，为不同层次的老人制定针对性的治疗和管理方案，便于老人及时出院或转诊，同时提高医疗资源的使用效率。

（2）对医护人员来说:可及时了解并把握老年患者的功能状态，随时监测其疾病的临床变化，以适时调整并确立方案计划。不仅提高了护理质量和诊断率，还有助于确立适宜的照护环境和设施条件。

（3）对社会保障部门来说：根据评估结果提供合理的服务内容，避免无益消费和人为极端，使成本效益和医疗护理相协调。

（4）对家庭成员来说：可正确了解老人身体状况，为改善生活服务及优化生活场所提供依据。

（5）对老年人来说：可更好地了解自己，增强其健康管理意识，避免无谓损伤和费用支出，提高生活能力和生命质量。

老年综合评估在医疗服务、社会保障和老年人家庭及其自身方面起到的作用，在一定程度上都会影响与其相关的养老居住设施的建设，诸如空间布局、环境营建、设施配置、装饰装修等，故应全面了解并掌握该评估。

4.1.2　养老服务评估

1. 内容

基于《中华人民共和国老年人权益保障法》和《国务院办公厅关于印发社会养老服务体系建设规划（2011—2015年）的通知》中对于建立健全养老服务评估制度和推进社会养老服务体系建设的要求，我国民政部于2013年提出关于推进养老服务评估工作的指导意见。评估内容包括老年人的能力状况（生理、心理和精神）、经济状况、居住状况和养老服务意愿等，具体的服务内容涉及生活照料服务、医疗保健服务、文体娱乐服务、紧急救助服务或其他服务等。该评估制度实施以来，其实践主要体现为各地方的尝试与摸索，尚未形成可直接运用的完整的操作系统。不过，对于如何推进养老服务评估工作的展开，政府提出了明确的任务目标。如建立评估组织模式、完善评估指标体系和评估流程、探索评估结果利用机制以及建立养老评估监督机制。[①]

2. 意义

建立并完善养老服务评估制度，是应对老龄化问题、保障老年人合法权益的关键手段。尽管目前该制度尚处于初级探索阶段，但其评估内容、建设目标和任务，对于后续研究中医养体系的建构具有一定引导意义。主要体现在：充分保障孤寡失独、失能失智、经济困难的老年人的基本需求，促进养老服务水平的提升以及体系的全面覆盖；以服务质量和运行效率为宗旨，充分调动并发挥社会各界力量的积极性和创造性，以推进养老服务资源的合理配置；在逐步建立合理高效的长效评估机制的过程中，实现养老服务评估的科学化、普适化和专业化。[②]

---

① 民政部关于推进养老服务评估工作的指导意见，2013年7月30日。
② 民政部关于推进养老服务评估工作的指导意见，2013年7月30日。

4.2 体系建构的目标和原则

4.2.1 主要目标

总体来说，构建城市社区医养体系的目标是使老年人老有所养、老有所医，提高他们的生命质量和健康期望寿命，使其享有一种有尊严、有价值的生活方式。实现由被动养老向积极养老、健康养老的转变。具体体现在以下三个层面：

（1）宏观上，巩固并完善养老保障政策体系。主要包括对老年医疗和护理等相关体制的补缺；加强养老居住设施的分级管理，使其建设向规范化、科学化和专业化迈进；加强对设施的考核与评估，建立健全监督激励机制；进而保证不同医护需求和经济条件的老年人能够公平享受适合自身的养老服务。

（2）中观上，合理规划社区养老居住设施的建设以及居家养老服务体系的建构。根据现状条件选择适宜的医养融合模式，通过优化选址、开发利用、整合资源，大力发展社区养老服务。充分发挥社区联系机构和家庭的桥梁作用，以及具备的良好归属感、认同感的先天优势，在服务急需照护的夹心层老年人的同时，也为社区其他在宅养老的老年人提供医疗护理、生活照料等养老服务，从而加强家庭养老的核心地位。

（3）微观上，结合定性与定量的研究方法建立医养模型。通过定性判断抽取养老居住设施营建的影响要素，形成较为系统的医养体系数据库。从政、用、产、学、研[①]等领域以专家调查问卷及访谈的形式，在权重分析的方法下进行定量研究，再对照规范标准和常识经验进行定性的合理化调整，最终确立社区医养设施建筑单体的设计导则。

4.2.2 基本原则

构建城市社区医养体系时应遵循一定的基本原则，主要为均衡发展原则、高效性原则、科学性原则、前瞻性原则和可操作性原则。

1. 公平性原则

目前我国养老服务的非均等化问题较为突出，资源配置严重不均，部分地区过度占用，而另一部分又极度匮乏。除了地区间、城乡间的差异，不同老年群体之间还存在公共医疗、社会保障等基本服务的差距。面对这个有碍于社会发展的不良现象，构建养老服务体系时理应将服务均等化的公平、公正原则摆在首位。通过设计科学合理的规划目标和准入制度，尽可能消除不公平现象，以缓解和抑制利益分化进程及其引发的社会矛盾，为迫切需要援助的老年人提供及时的服务，进而推动社会的健康持续发展。

---

① 概念来源：百度百科。"政用产学研"是一种创新合作系统工程，是生产、学习、科学研究、实践运用的系统合作。本书涉及的专家调查问卷中，"政"是指政府部门里养老相关政策、法规的（参与）制定者；"用"是指所有使用该建筑的用户，包括老年人、医护人员和行政管理人员等，但鉴于问卷长度和难度不适于夹心层老人作答，老年群体则以访谈的形式进行研究分析，详见附录C；"产"是指与养老相关的设计院、规划院、房地产等工作人员；"学"是教育领域里的专家学者，本书主要指高校教师；"研"是养老相关问题的研究者。

2. 高效性原则

在满足协调发展、公平公正的前提下，应注重项目实施的成本与效用的相关关系研究。分析如何实现在养老资源稀缺、供不应求的现状下，把资源供给符合受众对象的最需要的老年群体，结合老年人不同生命周期的身心特征和切实需求，建立不同服务等级、不同收费标准的服务体系，实现医疗和养老资源的再分配，进而形成必要型、标准型、优化型的多层次、多元化相结合的医养设施体系。

3. 科学性原则

医养设施体系的建构不仅关系到老年群体的切身利益，也与社会中其他群体的利益密切相关。体系设计的合理与否将直接影响社会的稳定或动荡，资源的优化或浪费。因此，应当在一定的理论基础下，有现实根据地运用科学的方法与标准进行体系的设计。诸如，参考各地方权威的老年人口数量统计和预测，访谈不同身体状况、经济状况老年人的需求和满意度，调查各领域专家对养老居住设施建设的建议和想法，进而为明确服务的内容、条件、方法手段等提供合理依据。

4. 前瞻性原则

老年人口发展是一个动态过程，与其相关的政策、标准及概念也随之不断调整，正如近些年国家提出的推进医养融合的意见。这就需要在了解当前老年人和服务供给状况的同时，以与时俱进的科学发展观考虑现有的养老体系是否适应未来老年人的需求、时代的需求以及养老的观念，是否能顺利应对老龄高峰的压力。

5. 可操作性原则

该原则是检验医养设施体系能否顺利实施的关键。脱离可操作性的方案，都是纸上谈兵，更不用说形成普适化的模式进而推广。因此，只有立足于可行性原则出台的措施才有可能达到预期目标。这不仅需要了解事物发展的来龙去脉，还需考虑与既有体系的衔接过渡，新建体系的运行机制、实施手段、资源可及性等。

4.3　医养体系的建构与调整

4.3.1　元素提取归纳

城市社区医养体系是由宏观、中观到微观各级营建目标构成的复杂系统，鉴于宏观和中观层面主要体现为社会政策、运营管理、设施选址和规划布局等，适于通过定性研究，结合我国现状和国内外先进经验，提出较为完整、清晰的建设思路。对于功能复合型医养设施建筑单体的设计，则涉及具体功能的布局、规模大小的控制、空间环境的塑造以及设施设备、相关资源的配置，需要借助定性和定量相结合的研究方法，提出相应的功能需求和建设目标。元素的提取与归纳，以及后续的问卷调查和权重分析即针对微观层面的建筑设计，旨在以更科学、更精确的方式确定影响设计的相关要素、要素与要素间联系，为营建导则和策略方法的提出奠定理论基础。

元素提取的依据主要来自对相关规范和重要文献的解读，以及对相关领域专家学者的访谈。根据不同环境、空间和空间使用功能对影响要素进行归纳整合，参考国内外相关案例，形成以"医"、"养"为核心的三大环境体系，即核心医疗环境——满足老年人医疗、保健、康复护理需求的服务空间，照护单元环境——由居室和配套服务空间组成的老年人生活起居场所，核心养护环境——为老年人提供生活照料、娱乐活动的综合服务空间。结合规范、访谈和经验，提取体系营建要项，使后期权重分析更简化并合理化。从而初步建立医养体系的影响因素数据库。

4.3.2 调查问卷制作

1. 目标

在于确定城市社区医养设施营建体系各影响因素之间的相对权重，综合各领域专家对其建设的看法和意见，以更好地指导建筑的空间布局、功能设置，以及相关设备、资源的配置，提出满足老年人基本医养需求的基本型和基于不同现状条件进而改善的优化型。

2. 方法

（1）专家调查法，又称德尔斐（Delphi）法，是以专家作为索取信息的对象，依靠专家的知识和经验，对问题作出判断、评估和预测的一种方法。[1] 操作简单，成本较低，适用于客观资料或数据缺乏，或涉及因素较多难以判断等情况下的决策与评价。医养设施作为近些年老龄化进程下的新兴产物，实践中可借鉴的理论和经验少，加之构成体系的各要素较为繁杂，缺乏联系，运用该方法可直接、有效地获取信息，将与其相关的具有理论知识和实践经验的各领域专家的意见进行整合。

（2）AHP层级分析法（Analytic Hierarchy Process，简称AHP），可进行多要素的权重分析，使定性问题通过定量分析形成简便、灵活且实用的多准则决策。特点是把复杂问题的各因素划分为相互联系的有序层次，根据对一定客观现实的主观判断结构（主要是两两比较）把专家意见和研究者的客观判断结果有效结合，对同层次元素两两比较的重要性进行定量描述。[2] 由于层次分析法的一个缺点是受主观因素影响较大，所以此次选择专家问卷调查，可以同时弥补这个缺点，使得调查结果更加真实、可靠、有说服力。

3. 制作

（1）在明确研究目标和规划决策涉及范围的前提下，按实现功能的差异、要项内容的细分，建立多层次的递阶结构。本研究从城市社区医养设施的环境层面、不同环境的空间

---

① 概念来源：百度百科，http://baike.baidu.com/view/627839.htm。

② 概念来源：百度百科，http://baike.baidu.com/subview/364279/5071768.htm。

层面以及不同空间的功能层面着手，尝试构建医养设施营建体系层次模型，即问卷调查研究框架（附图A-1），图中黑体字部分为必选项，这些要项与其他选项进行重要性评价时，同级必选项合为一大项（详见附录A的专家调查问卷）。

（2）设定各问题的评比尺度，在非常重要、稍微重要、同等重要到不重要、非常不重要五个尺度下建立两两比较结构图，以确定递阶结构中的构成要素，以及同层要素间的相关程度。某一层级的要素，以上一层级某一要素作为评估基准，进行要素间的成对比较，若有 n 个要素，则需进行 $n(n\text{-}1)/2$ 对比较。[①]

（3）对于难以通过重要性评比方式确定的问题点，可借助选择、填空的形式加以补充和完善。

（4）明确调查问卷的制作方法。鉴于网络问卷调查成本低、效率高、数据真实可视化的优势，本研究即借助专业的问卷调查网站——"问卷星"完成制作。

4. 发放

选择并确定问卷调查的样本。本书采用最基本、运用最广泛、简便易行的抽样方法——随机抽样法，在浙江省杭州市随机选取一些与养老相关的各领域专家进行调查，此外还对部分老人、护工和医护人员进行了访谈。旨在从前期策划、开发建设、运营管理、具体营建的参与者，提供医疗护理、生活照料的服务者，以及使用者获取信息。具体涉及政府部门中研究政策制定、土地开发的人员，学界里研究老龄化问题的专家学者，业界中涵盖建筑设计、房地产开发、工程建设、医疗护理等方面的人员，以及医养设施的服务对象——老年用户。

对问卷从发放、回收、统计的过程进行梳理，如图4-3所示。

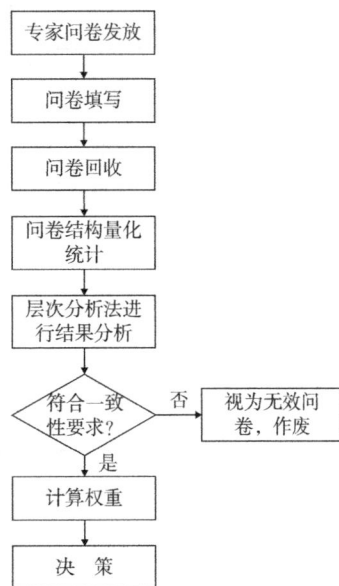

图4-3 问卷发放到回收过程示意

4.3.3 权重分析调整

1. 回收情况

发出问卷70份，实际收回62份，回收率为88.57%；其中有效问卷为52份，有效率为83.87%。发出时间为2014年12月至2015年3月，问卷回收完成日期为2015年3月21日。汇总问卷的回收情况见表4-1。专家背景资料见附录B。

[①] 董会忠，薛惠锋，宋红丽.基于耦合理论的经济—环境系统影响因子协调性分析[J].统计与决策，2008（02）：8-10.

问卷回收情况概览 表4-1

问卷对象	发出份数	回收份数	回收率	有效份数	有效率
政府	16	10	62.5%	6	60%
学界	20	20	100%	18	90%
业界	18	16	88.9%	15	93.8%
用户	16	16	100%	13	81.3%
总计	70	62	88.57	52	83.87

2. 问卷处理

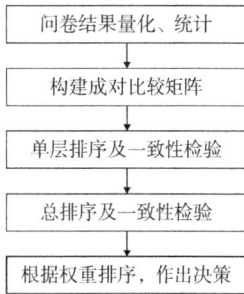

图4-4 问卷结果处理流程

问卷结果处理流程，如图4-4所示。

3. 权重分析

运用层次分析法进行结果的统计分析和一致性判断，以及权重的计算，如下所示：

1）问卷结果量化、统计

由于需要对多个问卷进行处理，而每份问卷又有多个表格，因此在问卷回收以后，需要先对每份问卷中的结果按照标度（3，2，1，1/2，1/3）进行量化，将量化后的结果分别进行统计，输入 txt 文档，作为后续处理的数据源。

2）构建成对比较矩阵

设某层有 n 个元素，则 $X=\{X_1, X_2, X_3, \cdots X_i \cdots X_n\}$。$n$ 个元素两两比较，总共有 $C_n^2 = n*(n\text{-}1)/2$ 个比较值。反过来，从一个表格中可以得到 N 个值，则

$$n \times \frac{n\text{-}1}{2} = N \tag{4-1}$$

解方程，得到 n 值为

$$n = \frac{1 + \sqrt{1 + 8 \times N}}{2} \tag{4-2}$$

例如，$N=3$ 时，可以得到判断矩阵应为 $(a_{ii})_{3 \times 3}$。利用这 C_n^2 个比较值，可以构建一个 $n \times n$ 维的矩阵 A。

$$A = \begin{bmatrix} a_{11}, & a_{12}, & \cdots\cdots, & a_{1n} \\ a_{21}, & a_{22}, & \cdots\cdots, & a_{2n} \\ & & \vdots & \\ a_{n1}, & a_{n2}, & \cdots\cdots, & a_{nn} \end{bmatrix} \tag{4-3}$$

此矩阵需要满足正互反矩阵的要求：

（1）$a_{ij}>0$，矩阵的每个元素都大于零。

（2）$a_{ii}=1$，即对角线元素等于1.

（3）$a_{ii}=1/a_{ij}$，矩阵的元素关于对角线互为倒数。

3）单层排序及一致性检验

对于每层所构建的正互反矩阵，依据公式：$AX=\lambda X$，求出其特征值 $\lambda=\{\lambda_1, \lambda_2, \lambda_3, \cdots \lambda_i\}$，求出最大的特征值 λ 及其对应的权重系数矩阵 $\omega=\{\omega_1, \omega_2, \omega_3, \cdots \omega_n\}$。

计算一致性指标 CI（consistency index）

$$CI=\frac{\lambda_{max}-n}{n-1} \tag{4-4}$$

平均随机一致性指标见表4-2所列。

不同矩阵阶数时的 RI 值　　　　　　　　　　　　　表4-2

矩阵阶数	1	2	3	4	5	6	7	8	9
RI	0	0	0.52	0.89	1.12	1.26	1.36	1.41	1.46
矩阵阶数	10	11	12	13	14	15			
RI	1.49	1.52	1.54	1.56	1.58	1.59			

数据来源：焦树锋 . AHP 法中平均随机一致性指标的算法及 MATLAB 实现 [J]. 太原师范学院学报（自然科学版），2006（04）：45-47。

计算一致性比例 CR（consistency ratio）

$$CR=\frac{CI}{RI} \tag{4-5}$$

如果 $CR<0.1$，则认为判断矩阵的一致性是可以接受的；否则，该表格无效，按照作废处理。

如果判断矩阵通过了一致性检验，则对最大特征值 λ_{max} 对应的特征向量进行归一化处理

$$\omega_{ki}=\frac{\omega_{ki'}}{\sum_{i=j}^{n}\omega_{kj}} \tag{4-6}$$

得到对应的权重系数。

4）多层次结构总体一致性判断

如果有多个层次结构，则最后，还需要对总体一致性进行判断。

确定某层所有元素对于总目标相对重要性的权值排序过程，称为层次总排序，从最高层到最底层依次进行。

B_i 层对于总目标的权值为：

$$\omega_i = a_1 b_{i1} + a_2 b_{i2} + \cdots + a_n b_{in} = \sum_{j=1}^{n} a_j b_{ij} \tag{4-7}$$

其中，a_i 为目标层中第 i 个元素的权重，b_{ij} 为 B_i 层对于第 j 个目标的权重。

而一致性判断准则为：

$$CR = \frac{a_1 CI_1 + a_2 CI_2 + \cdots a_m CI_m}{a_1 RI_1 + a_2 RI_2 + \cdots a_m RI_m} \tag{4-8}$$

当 $CR < 0.1$ 时，则判断矩阵有效。

5）根据权重排序，做出决策

对于问卷中的每个表格，得到上述的权重排序后，即可根据重要性程度，作出决策。

考虑到需要对多份问卷进行结果统计与处理，每个问卷有数十个表格，层次分析法涉及较多的矩阵计算，因此，在处理问卷的统计结果时，选择专业的数学处理软件MATLAB。该软件是美国 MathWorks 公司出品的商业数学软件，用于算法开发、数据可视化、数据分析以及数值计算的高级技术计算语言和交互式环境，擅长数值计算与分析。[①] 该软件有专门求取特征值和特征向量的函数，并能够与 txt 文件和 Excel 文件实现无缝链接，数据的输入和输出都很方便。其操作界面如图 4-5 所示：

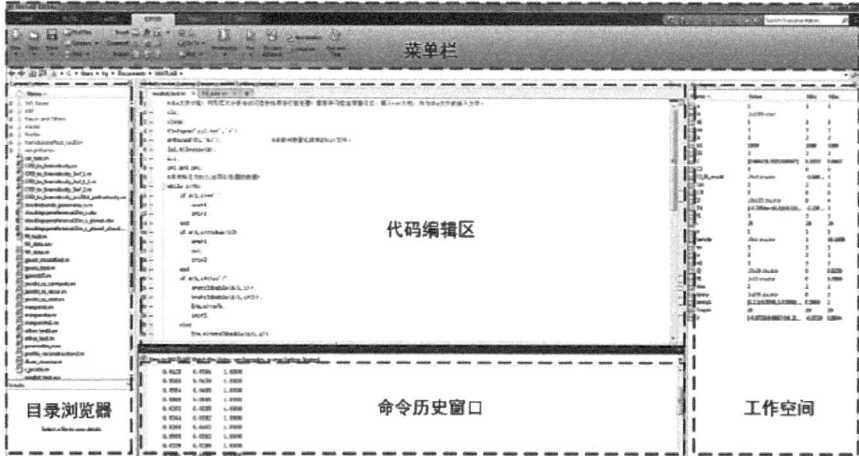

图4-5　MATLAB操作界面
（来源：由MATLAB软件界面截取）

通过编程，可以对每份问卷中的所有表格进行批处理。

由于作出决策时，需要结合不同的资源、资金、规模等要求，所以此处只给出准则层的层次分析法的程序框图（图 4-6）。

---

① 信息来源：360百科，http：//baike.so.com/doc/5365830-5601522.html。

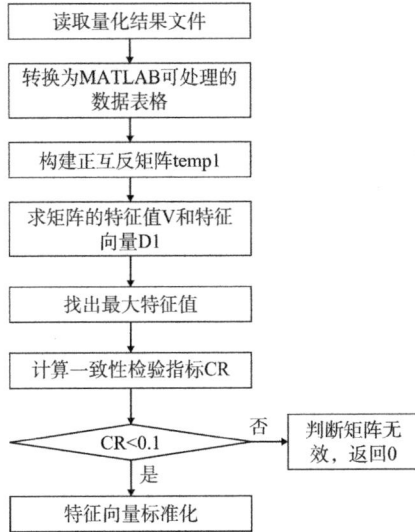

图4-6　层次分析法程序示意

MATLAB 部分程序源代码如下：

```
% 本 m 文件功能: 利用层次分析法对问卷的结果进行批处理; 需要将问卷结果
量化后, 填入 txt 文档, 作为本 m 文件的输入文件。
    clc;
    clear;
    f1=fopen（'yj2.txt', 'r'）;
    A=fscanf（f1, '%c'）;        % 读取问卷量化结果的 txt 文件;
    [a1, b1]=size（A）;
    k=1;
    i=1; m=1; n=1;
    % 将其转化为 MATLAB 可以处理的数据;
    while i<=b1
      if A（1, i）==' '
        n=n+1;
        i=i+1;
      end
      if A（1, i）==char（13）
        m=m+1;
        n=1;
        i=i+2;
```

```
    end
    if A（1，i+1）=='/'
      a=str2double（A（1，i））;
      b=str2double（A（1，i+2））;
      D（m，n）=a/b;
      i=i+3;
    else
      D（m，n）=str2double（A（1，i））;
      i=i+1;
    end
  end
end


RI=[0 0 0.52 0.89 1.12 1.26 1.36 1.41 1.46 1.49 1.52 1.54 1.56 1.58 1.59];
Tnum=29;                  %Tnum 为表格总数;
for i=1：Tnum
  temp=D（i，：）;               % 提取每个表格中的数据;
  N=sum（temp~=0）;            % 计算数据总数;
  m=（1+sqrt（1+8*N））/2;       % 计算所需填充的矩阵的大小;
  temp1=fill_data（temp，m）;     % 构建正反对称矩阵;
  [m，n]=size（temp1）;          % 获取矩阵行和列的大小
  [V，D1]=eig（temp1）;          % 求判断矩阵的特征值和特征向量，V 特征值，
D1 特征向量;
  B1=max（max（D1））;           % 求出最大特征值;
  [row，col]=find（D1==B1）;      % 找出最大特征值所在位置;
  C=V（：，col）;               % 最大特征值对应的特征向量;
  CI=（B1-n）/（n-1）;            % 计算一致性检验指标 CI;
  CR=CI/RI（1，n）;             % 计算最终检验指标 CR;
  for aa=1：m
    Q（aa，i）=C（aa，1）/sum（C（：，1））; % 特征向量标准化;
  end
  lamda（i，1）=B1;            % 将最大特征值储存在矩阵 B1 中;
  CI_RI_result（i，1）=CI;       % 矩阵 CI_RI_result 第一列为 CI，第二列为对
应的 CR;
```

```
    CI_RI_result（i，2）=CR；
    if CR<0.10        % 一致性判断，如果 CR<0.1，则符合一致性要求。
      CI_RI_result（i，3）=1；
    else
    CI_RI_result（i，3）=0；        % 矩阵 CI_RI_result 第三列为判断结果，如果为
0，则证明该表格未通过一致性要求，如为 1，则符合。
    end
    end
```

4. 权值统计

个别问卷的权重结果在此不一一赘述了，这里将所有问卷得出的权重值进行汇总平均（表4-3）。

专家调查问卷评价结果 表4-3

评价内容		评价结果（权重、评分、评价等）	补充说明
设施环境单元		核心医疗 0.3752；照护单元 0.3721；核心养护 0.2526	无
照护单元		必要项（居室、交通空间）0.1718；护理站 0.1701；交往空间 0.1299；公用卫生间 0.1139；亲情居室 0.0961；储物室 0.0843；公用厨房 0.0834；公用沐浴间 0.0772；污洗室 0.0733	还应设置：阳光廊、花圃空间、报刊阅览室、晾晒区
居室空间	功能设置	必要项（老人就寝、盥洗如厕、储物）0.2118；日常护理 0.1986；消遣娱乐 0.1506；淋浴 0.1349；会客用餐 0.1111；衣物清洗 0.1076；简单备餐 0.0854	还应包括：个人物品陈列、摆放
	居室人数	2 人间 0.5769；1 人间 0.2308；4 人间 0.1731；其他 0.0192	三人间
	阳台设置	是否需设：是 1.0000；否 0.0000	无
		阳台形式：开敞式 0.5000；封闭式 0.4615；其他 0.0385	普通老人开敞式、精神疾病老人封闭式
	物理环境 5 分法	采光 4.62；噪声控制 4.56；通风 4.52；热舒适 4.37；景观视野 3.79	无
	消遣娱乐 5 分法	电视 4.37；晒太阳 4.35；园艺 3.71；书桌 3.38；WiFi 2.9	还应包括：电脑、书架、躺椅
交通空间		无障碍通行 0.5001；晒太阳 0.2656；休息聊天 0.2344	还应包括：景观绿化、物品陈列、报警装置
亲情居室空间		必要项（老人就寝、盥洗如厕、储物）0.2118；陪护就寝 0.1666；消遣娱乐 0.1494；淋浴 0.1470；会客用餐 0.1206；衣物清洗 0.1075；简单备餐 0.0971	还应包含：日常护理空间、个人物品陈列

续表

评价内容		评价结果（权重、评分、评价等）	补充说明
护理站	功能设置	必要项（咨询接待；医疗处置；污物收集）0.4342；休息办公 0.2887；盥洗如厕 0.2771	还应包含：浴室、储物室、简单备餐、科普谈话室
	医疗处置	应急处理 4.67；观察监测 4.56；储药配药 4.46	无
	空间开敞	和老人聊天 4.33	无
交往空间	功能设置	用餐 0.4028；休闲娱乐 0.3031；待客聊天 0.2941	还应包含：展览展示、报刊阅览、健身、晒太阳、绿化种植等
	休闲娱乐	电视 4.33；棋牌 3.77；投影 2.65	无
公用厨房		功能设置：烹饪、储物、污物收集	还应包含：简单就餐、休憩、交往、报警装置
		开水间布置在厨房内是否合适：是 0.8269；否 0.1731	
公用沐浴间	功能设置	必要项（更衣、洗浴）0.4173；盥洗如厕 0.3386；休息等候 0.2442	还应包含：污物处理、推拿按摩
	洗浴形式	淋浴 4.4；水疗池 3.1；一般浴池 3.06	无
	衣物清洗	（自助洗衣间）布置在沐浴空间内是否合适：是 0.8077；否 0.1923	无
核心养护		必要项（入口大厅、交通空间、公用卫生间）0.1372；餐厅厨房 0.1469；活动室 0.1394；特殊浴室 0.1119；多功能厅 0.1090；理发室 0.0914；管理办公室 0.0899；洗衣房 0.0873；污物室 0.0870	还应设置：按摩休息区、音乐室
入口大厅	功能设置	值班监控 0.2831；前台接待 0.2039；入住登记 0.1986；信报收发 0.1875；贩卖 0.1269	还应包含：休息等候、新闻、公告、信息展示、茶室或咖啡厅
	信报收发	前台管理 0.5962；自助信箱 0.4038；其他 0.0000	无
	贩卖区域	小型超市 0.7115；前台售卖 0.2885；其他 0.0000	无
餐厅厨房		餐厅（功能设置）：选餐、用餐、污物收集	还应包含：活动交流、助餐空间，结合小卖、包厢
		厨房（功能设置）：烹饪、分餐、储物、污物收集	还应包含：员工更衣休息室
		厨房内是否必要设置员工更衣休息室：是 0.5385；否 0.4615	无
活动室	功能设置	棋牌 0.2801；阅览 0.2319；书画 0.1868；体育运动 0.1762；网络 0.1250	还应包含：乐器演奏、声乐合唱、戏剧观演
	网络室	视频聊天区空间形式：敞开 0.6923；隔断 0.2885；无所谓 0.0192	无
	体育运动	乒乓球 0.9231；台球 0.5000；其他 0.1346	跑步机、羽毛球、门球、室外活动
多功能厅		歌舞表演等活动 0.6538；会议讲座和影像播放 0.3462	还应包含：聚会、联欢等
特殊浴室	功能设置	必要项（更衣、洗浴）0.4386；盥洗如厕 0.2993；休息等候 0.2621	还应包含：便于服务人员活动的使用空间
	洗浴设施	仰卧位入浴装置 0.6346；乘坐轮椅或升降机的座位式入浴装置 0.5769；自助式入浴装置 0.3077；其他 0.0000	无

续表

评价内容		评价结果（权重、评分、评价等）	补充说明
核心医疗		必要项（公共卫生间、交通空间、收费药房、检验区、治疗室、处置室）0.1323；中医诊室 0.1220；输液室 0.1201；抢救室 0.1135；保健室 0.1121；康复室 0.1063；内外科诊室 0.1045；心理疏导室 0.1013；医护办公室 0.0879	无
检验区	检验形式	常规检查化验 4.46；功能检查 4.00	无
	功能检查	B 超 3.98；心脑电 3.92；X 射线 3.63	
输液室	功能设置	必要项（配液观察、输液）0.4502；陪护 0.3043；消遣娱乐 0.2455	无
	输液形式	坐式 4.5；卧式 4.46	
	消遣娱乐	电视 4.17；书报 3.63；WiFi 2.88	无
保健室		隔离 0.3004；健康监测评估 0.2752；预防接种 0.2526；健康教育 0.1718	无
医护办公室		办公管理 0.4370；更衣休息 0.2872；盥洗如厕 0.2757	无

5. 框架调整

通过对以上 52 份有效问卷的统计分析，对比最初构建的研究框架，可以看出：在照护单元的空间配置上，还可设计阳光廊、花圃空间、室外晾晒等；在核心养护的功能设置上，可以按需增加按摩休息区，茶座、咖啡厅，音乐、绘画教室等；核心医疗单元的功能配置基本满足需求。就调查结果，需再次对照相关规范，结合问卷调查过程中发现总结的问题以及长期积累的经验知识，对其结果进行定性判断和合理化调整，明确必须配置的基本要素和弹性附加（通过与周边资源整合，按实际条件而定）的优化要素，从而确立最终的医养设施影响因素数据库。

4.3.4 新型体系建构

基于前文对政策环境、住区环境以及设施环境已有研究的全面梳理，结合调查问卷的数据统计和规范标准的建设导则，建构包含养老政策、设施规划和建筑设计在内的宏观→中观→微观的新型医养营建体系。

1. 宏观政策

政策的制定应当遵循一定的原则。人口老龄化已发展成为我国普遍性的社会问题，在不同的资源环境、经济条件和文化背景下又存在一定的差异性，因此，在建立体制时应当坚持整体统一、局部灵活的原则，体现其覆盖性、持续性、灵活性和经济性，形成分层、多元的完整体系。主要体现为养老保障政策体系的营建。考虑到我国目前养老和医疗保险覆盖率偏低，投资管理不善、收益率较低，制度不完善、缺乏灵活性以及孝道观念淡化、

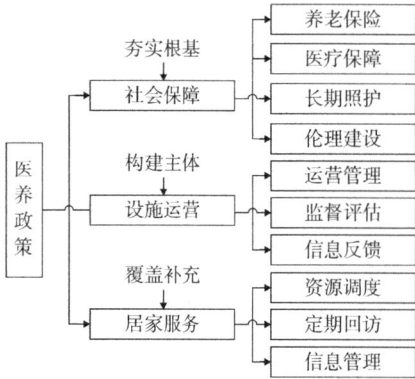

图4-7 宏观层面：养老政策体系的建构

家庭养老功能弱化等诸多不足，结合我国的特殊国情和发展趋势以及国外的先进经验，着重从社会保障、设施运营和居家服务三个方面建立健全养老政策体系，其具体要项如图4-7所示，旨在搭建适于整个社区养老模式可持续发展的基础平台。

1）社会保障

经济基础决定上层建筑。对于养老问题而言，首先应从经济层面切入，将社会养老服务事业所需经费列入本级财政预算，建立与其服务发展需求相适应的财政投入增长机制，逐步加大对社会养老服务的投入，从而确保各项政策的顺利实施。对应前文分析的现状不足，从养老保险、医疗保障、照护保险和伦理建设分别提出建设策略（图4-8）。

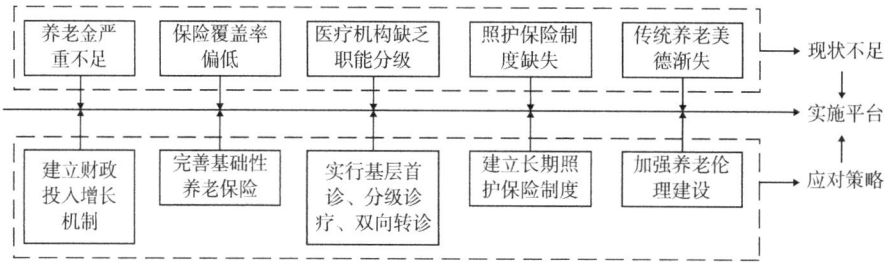

图4-8 社会保障的应对策略

（1）加强基础性养老保险的完善和提升。长久以来，我国养老保障除了依靠家庭外，另一个主要形式即为公共养老保障。然而近些年，随着家庭养老功能的弱化和经济发展的改革转型，公共养老保险负担逐步加重，针对此困境，有必要进一步和深层次地扩大养老保险的覆盖面，使基础性养老保障政策完备起来，进而促进社会的持续健康发展。

（2）积极推进医疗保障制度的改革。作为社会保障制度中受众最广、变革最大的制度建设，医疗保障深深影响并改变着老年人的生活和权益。医疗机构缺乏准确的功能定位和职能分级是目前我国医疗体制中的一大弊病。对医疗机构进行分级，可以推进医疗卫生资源的合理布局，分流引导医疗需求。这就要求结合老年人不同生命周期的健康需求和身心特征，通过制订分级诊疗方案，建立社区基层首诊、分级诊疗和双向转诊的就医秩序，进而形成稳定有序的正金字塔格局。

（3）建立长期照护保险制度。基于我国的现实迫切性提出适应于当下供给能力的照护制度，已成为老龄化进程中亟待补充的一大缺口，应着重对其功能定位、战略步骤、发展趋势几方面进行研究，以提升老年人的生活质量和预期寿命。具体来说，是要在摸清有照护需求的老年人规模、年龄结构及承担能力的基础上，明确提供服务的主体、方式、数量、培训标准、对接方式，从而确定其功能定位和发展框架。

（4）重视社会养老保障的伦理建设。加强社会道德重构，如展开尊老伦理教育，营造尊老互助氛围，加强社会监督管理，以伦理道德的精神力量弥补制度本身的缺陷。这种无形的约束有助于提升老年人的社会归属感和认同感，改善老人的身心健康，进而缓解一定的家庭和社会负担，从而对社会养老环境产生积极推动作用，形成养老发展的良性循环（图4-9）。

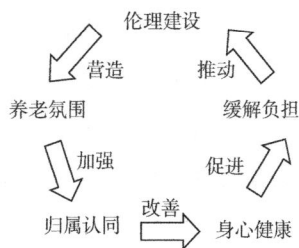

图4-9　养老伦理建设形成的良性循环

2）设施运营

建立健全养老的社会保障体系是推进养老事业发展的重要前提和基础，而合理高效的设施运营机制则是直接关系老年人生活品质，维持供需平衡的关键支撑。以下将针对设施运营存在的诸多不足，从监督评估、运营管理和信息反馈三部分提出具体策略和建议（图4-10）。

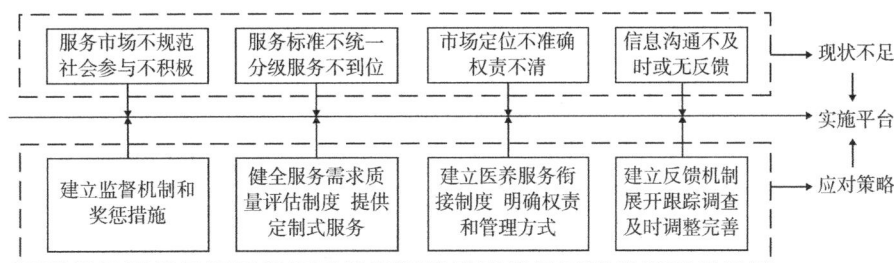

图4-10　设施运营的应对策略

（1）完善养老服务的监督评估制度。首先，针对目前养老市场缺乏规范化，服务内容太过笼统化的弊端，建立相应的监督机制和奖惩措施，加强监督检查和资源管理的同时，调动社会力量参与养老事业，以确保各项目标任务如期完成。其次，跟进并完善养老服务的评估体系。由民政部门和卫生部门协作建立养老和医护服务质量评估制度，定期组织专家或委托第三方专业机构，对养老居住设施的人员配备、设施条件、管理水平、服务质量、服务对象满意度和社会信誉等进行综合评估，并根据评估结果对养老居住设施实行分类管理。最后，通过建立科学的评估标准，对老人实际需求和服务质量进行客观公正的评估和分级，依次为老人提供个性化的"定制式"服务，也为老年入住和享受补贴提供依据。

（2）加强行业的运营管理，适时转变经营观念。合理的市场定位、明晰的权责关系以及前瞻的发展走向是社会化养老服务行业发展建设的重中之重。需要从改革现行管理体制，推进先进经营模式，协调与养老服务关系等方面着手。首先，应建立健全医疗卫生服务和社会养老服务衔接制度，明确各自的权责及合作管理方式，适度扩大医保辐射范围及限额，进而促进资源融合和业务协作。其次，建立健全养老居住设施的收住制度，借助网络平台向社会公开床位资源信息，以实现服务的公平化、透明化和高效化。参考老年人综合评估为入住老人建立健康档案。此外，还需建立健全安全管理制度，定期开展安全检查，及时消除安全隐患。

（3）建立健全信息和沟通反馈机制。以医养结合为导向的设施建设，更应注重协调各行业、各部门之间的关系，保证沟通的高效、及时和准确。在养老政策制定之后，应当加强对相关政策的实施进度、市场反应的供需情况以及老年人满意度的跟踪调查。通过对反馈信息的整理分析，明确问题产生的原因、程度和影响，以便指导后续相关政策体制的调整与完善。

3）居家服务

居家养老是符合中国传统养老思想、老年人生活习惯以及现实国情的一种养老模式，是顺应社会发展、应对老人需求的新兴产物。其核心是以社区服务供给为支撑，与社区养老设施构成相互协作、互为补充的养老网络。基于目前居家养老服务显现的诸多不足和缺陷，主要从资源调度、定期回访与信息管理几个方面提出具体的应对策略（图4-11）。

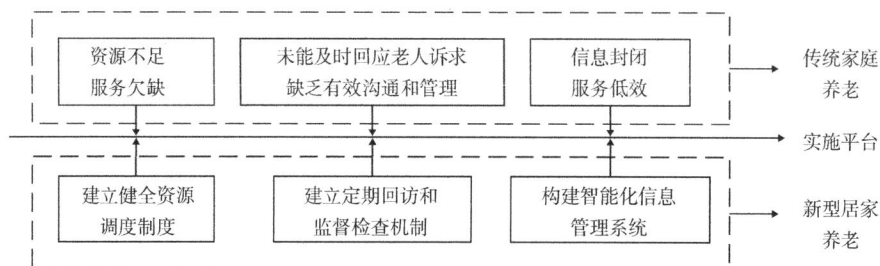

图4-11　居家服务的应对策略

（1）建立健全资源调度制度：居家服务涵盖生活援助、主动关怀等积极干预和及时应对老人突发状况的紧急救助，这需要完善的调度制度予以支撑。在老人发出求救信号或设备终端发现异常情况时，应由值班管理处指派相应人员提供所需服务和物品，以及用药提醒、保健养生、健康咨询、居室清扫等上门服务。为了进一步提高服务质量，还需建构服务人员培训机制，加强护理人员的在职教育和道德修养，做到持证上岗；积极调整服务者与服务对象之间的关系；充分落实服务人员的奖惩措施，调动服务积极性。

（2）建立定期回访和监督检查机制：针对实施的服务项目进行回访记录，咨询老年人及其亲属或相关人员，对于服务和产品的质量是否满意、有无其他建议等；如果老人提出投诉时，应完整录入投诉的项目、内容和服务人员；核实老年人反映的情况，对服务人员进行监督、检查或调整，或更新服务项目，必要时还需进行二次回访等服务工作，以创造具有属地特色的居家养老服务体系。

（3）信息管理：养老信息化是社会化养老发展的必然趋势，是区别于家庭养老模式的关键要素，同时也是整个服务流程的核心。它承载着老人信息的采集、流转、分析以及紧急情况下的定位监测、安全提醒等功能。其管理模块主要包括老年人的信息管理、健康管理和安全管理，即 GPS 安全定位和无线呼救等，具体见本书 5.5 节。

2. 中观规划

各项政策的制定与实施是为了更好地推进养老服务体系的建设，合理的规划布局则是落实政策、检验成效的关键手段。

（1）指导思想：首先应树立社区医养的观念，即以城市社区为载体建构医养一体化养老服务体系。以建筑计划学的理论方法为指导，以社区及周边养老环境现状的优劣势分析为基础，有步骤有针对性地提出设施建设的导则和策略，从而实现资源的优化配置以及社区内多元复合型养老居住设施的合理布局。

（2）智慧应对：考虑到家庭养老在新形势下的脆弱性和局限性，急需社会化养老服务的补给支撑。而社区医养设施关注有限资源下的效用最大化和推广实施的可操作性，旨在解决最迫切需要医护照料服务的老年人的长期养老问题，并非实行惠及所有有援护需求老年人的全覆盖性模式。由此可知，二者均面临着各自的困境和发展瓶颈，这就需要建构一套开放性、多元化的服务平台，形成家庭养老和设施养老相互依赖、协同发展的共赢模式，即养老居住设施延伸养老服务、居住区原宅弥补养老床位的合成关系，同时随着老年人身体状况的转变，二者之间还存在相互转换的动态发展关系（图4-12）。

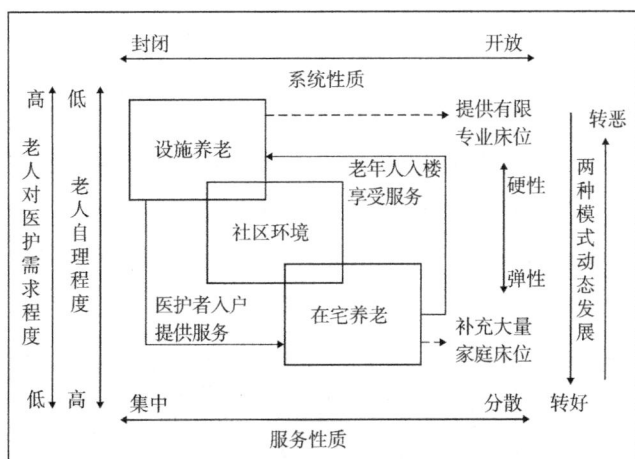

图4-12 智慧型社区医养服务功能结构示意

（3）营建体系：归纳并提取中观规划层面中与养老居住设施、居家服务体系相关的诸要素，从设施选址布局、资源配置、环境建设、定位标准和智能技术的应用这五方面着手分析，其具体要项如图4-13所示。

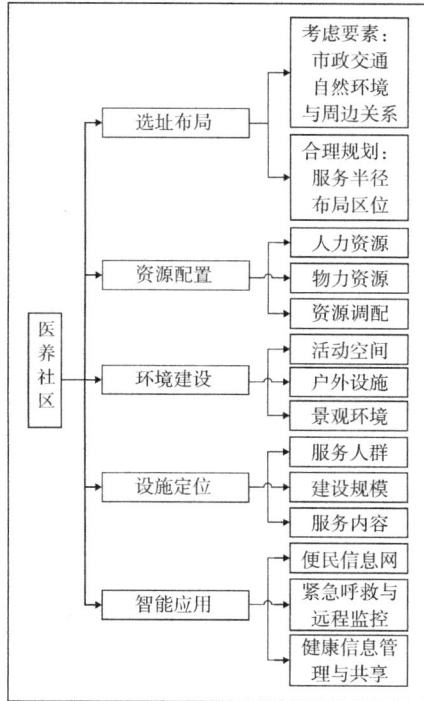

图4-13　中观层面：社区医养体系的建构

3.微观设计

主要是指医养设施建筑单体的设计。以前文建构的医养设施体系为基础，结合规范标准和国内外优秀案例，针对不同类型的现状条件，提出对应的营建策略和技术方法。从环境→空间→功能→性能，层层剖析建筑的属性。前三部分的具体要项已在专家调查问卷中展开分析，这里主要对性能及其细项进行归纳研究，涉及空间使用性能、空间移动性能、设备使用性能和物理环境性能四个方面，其每项包含的具体要素参见图4-14。

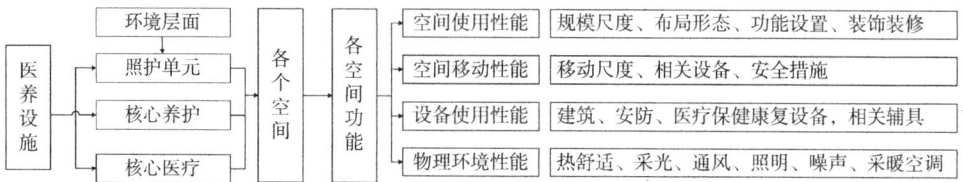

图4-14　微观层面：医养设施体系的建构

以设施为重心，全面整合与构建；以居家为补充，适度拓展与完善。尝试建构的医养设施模型是涵盖两个层级的综合营建体系，其一，为适用于绝大部分社区养老居住设施的建造，以满足老年人生活起居、日常照料、交往活动、医疗护理和康复保健等最低需求和标准而搭建的基本模型，旨在形成一种普适化的示范标本以推进今后医养结合的实践探索。其二，是以基本模型为基础，以满足老年人更高层次需求、促进资源优化配置为目标，结合社区现状和更高标准提出的基本型＋模块和优化模型（图4-15），旨在为已达到医养雏形发展基础，并且有条件有市场建设更高等级的营建方提供参考依据。

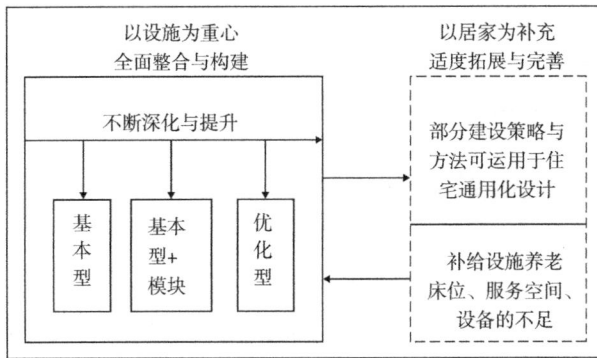

图4-15　设施与居家养老建筑的营建关系

4.3.5　与传统养老设施对比研究

从五个方面对新型养老模式和传统养老设施进行比较，可以看出，新型养老居住服务体系的营建从运营、服务、功能、资源等方面，与传统养老设施均存在一定差异，相对于传统模式其特点主要表现为：多元化、复合性、高效性、灵活性和开放性（表4-4）。

新型养老居住服务体系与传统养老设施的对比研究　　　　　　　　　　　　　表 4-4

领域 \ 类型	传统养老设施（现状）	新型养老居住服务体系（趋势）
运营管理	创办经营：公办为主、民办为辅 管理：公办为民政部门管理；民办自行管理 审批：各地方的民政部门审批，卫生部门大多不予支持	创办经营：推进公办民营、民办公助、公私合营、政府补贴等多种模式 管理：指定或招标。如委托管理、承包、合资合作，民间资本参与运营，卫生部门监督管理，充分发挥社区行政管理组织作用 审批：民政部和卫生部合作
服务对象	以自理老人为主，大多不提供开放服务，资源封闭	以设施内介助和介护老人为主，向社区老人开放并提供上门服务，资源共享
服务主体	政府主导，民间参与	养老服务专业组织、企业、志愿者主导，政府购买服务

领域 \ 类型	传统养老设施（现状）	新型养老居住服务体系（趋势）
功能空间	功能：娱乐活动、生活起居为主 规模：缺乏市场定位研究，规模与实际需求、发展能力不符，大小不一、资源浪费 布局：缺乏长远规划，布局欠妥 环境：公办条件普遍较差	功能：注重医疗护理和康复保健 规模：以社区为载体，以基本型为主体，根据需求进行适度优化 布局：近远期目标结合，适度留白以便改建、扩建 环境：以经济高效舒适为原则
资源配置	人力：以日常生活照料为主，缺乏专业护工；服务人员配置不足 物力：基本生活保障品为主，文化娱乐设施为辅 财力：公办福利型投资不足，民办盈利型举步维艰，整体表现为资金匮乏	人力：加强护工培训；医生护士、康复师、保健师、护工按服务标准配比，包括设施内硬性规定及入户服务的弹性指标 物力：医疗护理、保健康复用品按需供应，智能产品嵌入 财力：加大政府资金投入，鼓励民间资本进入，保险覆盖面扩大

4.4 建构核心的提取与归纳

4.4.1 动态平衡——多方的博弈

养老是一个错综复杂的系统性工程，要实现医养融合则需在传统养老模式上引入更多要素以保证其合理有效、持续稳定的发展。这涉及到开展医疗服务的卫生计生部门和一直以来审批养老项目的民政部门的跨界合作，相关人力、物力、财力资源的合理调配，以及运营管理模式上的相互磨合。在开放有序的系统中进行多方的博弈，这就要求：秉持动态发展观不断权衡，不可一成不变；始终从全局出发进行多维调整，不可顾此失彼单向植入。

4.4.2 多元复合——格局的形成

单一化、断裂化、碎片化是目前养老服务体系营建过程中的几大障碍，也是影响供需平衡、服务水平、经营效益、老年人满意度的症结所在。若能对症下药地对其进行改革与完善，则会转弊为利，实现由资源匮乏、分布不均向资源优化、布局合理的转变，其社会价值不言而喻。这就要求：以多元化的视角重新审视养老居住设施的建造，多领域、多学科融会贯通，不可"独断专行、孤军奋战"；以开放性、复合型的观点进行资源间的有效调配，从设施与设施之间、设施与原宅之间，来改善我国人均资源不足、配置断裂或不均的现状。

4.4.3 普适持续——发展的目标

基于医养融合的发展与推进具有障碍多又迫切的双重属性，提出高效经济、切实可行、满足老年人基本需求的目标和方法，不是以所谓高端大气的标准来建构，而是以普适化、持续化的视角和标准来衡量。这就要求：不追求大而全，保证小而精；以基本型为主，优化型为辅，先普及，后完善。

5 医养导向下养老居住设施的规划策略

对应前文建构的中观层面的社区医养体系，提出相应的技术要求和建设策略，以下着重从养老居住设施的选址布局、资源配置、环境建设、设施定位和智能应用五个方面展开论述。

5.1 选址布局

5.1.1 规划选址

明确设施的建设模式和用地来源是进行选址布局的重要前提和保障。参考2015年1月通过的《浙江省社会养老服务促进条例》，养老服务设施建设用地应当纳入城乡规划、土地利用总体规划和年度用地计划，优先保障其建设用地。对于新建住区，应按照相关标准，建设养老服务用房，并与住宅同步规划、同步建设、同步验收、同步交付使用；对于既有住区无养老服务用房或者现有用房未达到建设标准的，应当通过购置、置换、租赁等方式解决。

科学选址、合理布局是保证老年人生活质量的首要条件。综合相关规范和标准的规定，选址时应当遵循：

（1）市政交通：选取交通便捷、方便可达、地形平坦、场地干燥、排水通畅、周边有便利的水、电、通信等基础设施，工程水文地质条件较好的位置。

（2）自然环境：要求日照充足、通风良好、环境安静、景观视野良好。

（3）与周边关系：尽可能充分利用居住区配套

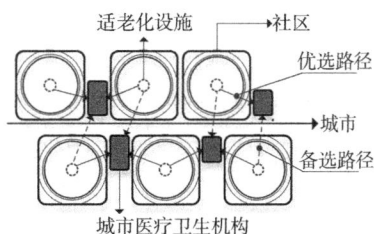

图5-1 科学选址：利用城市医疗卫生机构
（来源：课题组研究成果）

设施和城市医疗卫生机构（图5-1），避开污染源、噪声源和易燃易爆物的生产、贮存场所、高压线路及其设施，以及对外公路、快速路和交通量大的交叉路口。还需考虑医疗工作的特殊性质，严格遵照公共卫生有关要求，协调与周边环境的关系。

5.1.2 场地布局

养老居住设施是一个开放、动态的养老服务体系，服务对象涵盖设施内介助、介护老人以及社区居家老人，其布局包括在整个社区中的区位关系（图5-2），诸如社区居家老人享有设施服务的合理的辐射范围，既有设施资源的高效整合与利用，在建设基地中与周边道路、环境的关系。居住区服务设施规划要求、老年人生理特征即适宜的步行距离以及养老居住设施规模和运行成本，是确定该设施服务半径的三大关键要素。根据相关规范，居住区公共服务设施半径不大于 800 ~ 1000m，而一般健康老年人的步行疲劳极限为10 分钟，步行距离大约为 450 ~ 500m。[①] 另考虑到养老居住设施医养功能的复合性和节约成本的高效性，若充分发挥功能作用其辐射范围不宜过小。综合三方面因素，最终确定将500 ~ 1000m 定为设施服务半径的适宜范围（图 5-3）。

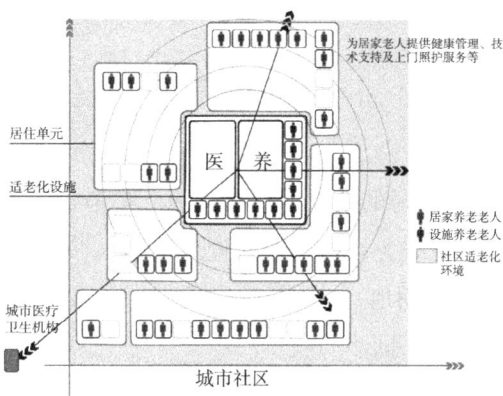

图5-2　社区养老居住设施的布局结构示意
（来源：课题组研究成果）

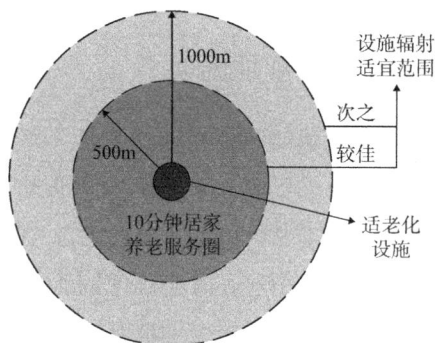

图5-3　养老居住设施适宜辐射范围

此外，应结合现状将养老居住设施纳入社区资源，进行统筹规划和分级配置，使其成为社区养老服务体系的重要组成部分。新建居住区时，可将老年活动中心或老年日间照料中心等与该设施合并建设，也可考虑与托幼建筑或社区卫生服务中心等共用基地或毗邻而建。在已建居住区中，可充分利用社区内企业、机关、学校等的闲置资源，如场地、设施等，通过功能置换、有机更新，为老年人创造积极的生活空间，激发他们的生命活力（表 5-1）。

确定了设施在社区中的建设区位，需要进一步合理规划其在基地中的布局方式。应以节约用地、安全卫生、流程合理、管理便捷为准则，在满足基本功能需求的基础上适当考虑未来发展。以下对建筑入口、室外场地、道路管线以及绿化环境等进行综合设计，归纳相关规范的规定，要点主要包括：

（1）建筑出入口不宜开向城市主干道，运输应设独立通道和出入口。

（2）设置机动和非机动停车场，距建筑物主要出入口最近位置设与人行道衔接的无障碍停车位，且有明显标志。设置适当规模的衣物晾晒及休闲活动场地，游憩空间应选择在

---

① 张玉石.中国社区分级养老模式初探[D].天津：天津大学，2012。

102

向阳避风处，布局宜动静分区，可结合居住区中心绿地设置，也可与相关设施合建。

（3）场地内道路应人车分流，满足消防疏散、物品运输、救护畅通等要求。

（4）植物配置宜四季常青及乔灌木、草地相结合，不应种植带刺、有毒及根茎易露出地面的植物。

养老居住设施在社区内的布局模式

表 5-1

类型	图例
共用合建型	
利用毗邻型	
闲置更新型	

5.2　设施定位

社区养老居住设施的开发建设应基于现状条件和市场需求，根据服务对象、建设规模和服务内容确立合理的定位。应符合社会养老设施规划建设的方向和目标，构筑以护理型为重点，助养型为辅助，居养型为补充的服务体系。养老居住设施即是提供护理型和助养型服务的载体，通过搭建智能化信息平台与社区在宅养老家庭建立联系，使其成为机构养老的补充力量，也使老人在健康状况发生变化的时候，不出社区就能享受从低等级到较高等级的护理服务。

5.2.1　配置规模

确定设施的建设规模与相关指标，应当综合考虑所在区域常住老年人口数及增长趋势、当地经济发展水平、养老资源和服务需求；明确用地控制指标，按建设要求和节约用地原则确定用地面积，建筑密度不应大于30%；容积率不宜大于0.8。室外活动和衣物晾晒场地不宜少于 400 ~ 600m²。绿地率和停车场的用地面积不应低于当地城市规划要求。[①]

床位数是衡量地区养老发展水平，也是控制设施建设规模的重要指标参量。首先，确定每千位老年人口的供床数量，应兼顾刚性需求和拓展性需求两个规划标准，前者是满足家庭没有照护条件的失能老人的住院需求，大约占失能老人总数的 70% ~ 75%，占老年总人口的 2.1% ~ 2.3%，即每千老人所需床位为 21 ~ 23 张；后者则从所有失能老人住院照护需求出发，现阶段其标准大致为老年人口的 3%，每千老人所需床位则为 30 张。[②] 考虑我国失能老人的快速增长趋势、对护理需求的不断提升以及本研究的前瞻性和示范性，选取每千位老人 30 张床位的标准。接下来，进行社区养老居住设施床位数的计算：

（1）确定社区老年人口数量。本书所指社区包括居住区和居住小区，按《城市居住区规划设计规范》，居住区人口为 30000 ~ 50000，小区为 10000 ~ 15000，社区总人口为 10000 ~ 50000，计算取其中上限，范围为 15000 ~ 30000 和 30000 ~ 50000。关于全国老龄化水平；据预测 2020 年老年人口比重将达 17.17%，2050 年老龄化水平推进到 30% 以上[③]，按照 20% 的比例进行计算。

（2）确定需要服务的老年人，即目标老年人口。鉴于设施的运行成本和养老资源的稀缺性，服务对象在现阶段还未能面向社区所有介助和介护老人，建议设近期→中期→远期的阶段性目标。当前首先应解决最需要帮助的老年人，包括高龄低保等符合政府补贴条件的，因病致贫或子女照护不到有实际困难的。同时也为一部分收入高、要求高的介助介护老人提供服务，以解决矛盾突出的"两头"问题。参照《老年养护院建设标准》对目标老年人口的界定，是针对城市中低收入和低收入老年人，据国家统计局数据显示，占老年总人口的 60%。考虑到大致有 80% 的中低收入老年人（60%×80%=48%）对设施养老依赖的迫切程度较高。高收入且严重依赖设施的老年人比例大致占总数的 10%。综合以上分析，将最终目标老年人口定为总人口的 60%。

（3）插入（1）和（2）的取值数值以及每千位老年人口供床数量，计算设施所需床位数。

将上述步骤归纳为计算公式，如下：

$$社区医养设施床位数 = \frac{\boxed{\overset{\text{社区老年人口}}{社区总人口 \times 老龄化水平}} \times \overset{\text{目标老年人口}}{0.6} \times 每千位老年人口供床数量}{1000}$$

计算结果为 54 ~ 108 和 108 ~ 180。考虑到养老居住设施较传统模式的复杂性和多样性，

---

① 社会福利和慈善事业促进司，老年养护院建设标准.建标[2010]194号，2010-11-17。

② 董蒋阿凤，潘金洪.2011-2050年中国失能老人照护需求分析——基于全国第六次人口普查主观失能数据测算[J].医药前沿，2013（34）：156-157。

③ 数据来源：中国人口老龄化发展趋势预测研究报告[J].中国妇运，2007（02）：15-18。

当规模过小时会增加建设成本、降低运行效率，即丧失了设施自身的优势及潜能，故在设施定位上选取108～180床位的规模，当服务对象未达到标准时，可在邻近两个较小规模居住区的衔接地段布置该设施，以合理的辐射范围同时为它们提供服务（图5-4）。鉴于部分地区高龄化、失能化的严重性和潜在性以及各地方经济文化水平的差异性，允许在此基础上上下浮动10%，最终确定：社区养老居住设施宜按100～200张床位规模进行建设，在此基础上进一步细化，形成100～150和150～200两个参考指标。

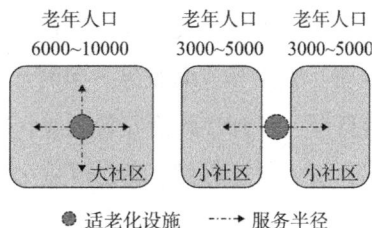

图5-4 设施建设与服务规模对应关系

除了规定床位数之外，还需明确医养设施的建筑面积。综合相关标准和规范的规定，以经济适用性和高效性为原则，建议每床建筑面积宜为大于等于40m²（参考《城镇老年人设施规划规范》和《老年养护院建设标准》），由此可以得出设施建筑面积为4000～6000m²和6000～8000m²。

将以上各项指标汇总，见表5-2所列。

养老居住设施适宜的建设规模 表 5-2

服务规模（老年人 / 处）	设置规定	建筑面积（m² / 处）
6000～8000	床位数在100～150张左右，每床建筑面积不小于40m²	4000～6000
8000～10000	床位数在150～200张左右，同上	6000～8000

5.2.2 服务内容

本研究的养老居住设施是一个开放、动态的养老服务体系，其服务从设施内延伸至社区原宅养老住户。前者提供的服务内容正如前文所述。下面将着重探讨居家养老服务支持网络的建构，根据实地调研和理论研究，老年人居家养老的需求大致体现在三个方面：生活照料、医疗保健和精神慰藉（图5-5）。[①]

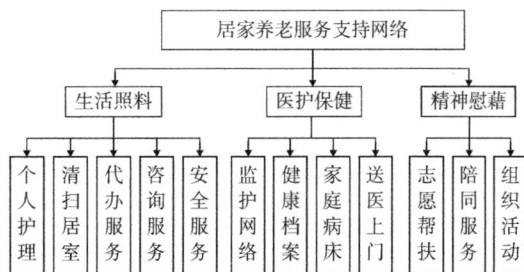

图5-5 居家养老服务支持网络

（1）生活照料：由专业人员结合志愿者为老年人提供上门式的多样化服务，如洗衣、

---

① 章晓懿，杨培源等.城市居家养老评估指标体系的探索[M].上海：上海文艺出版总社，2007。

理发、沐浴等个人护理，清扫居室以及代购物品、代付费用、代办 / 提供维修等代办服务，心理、法律等咨询服务。同时还需配合相关安全服务，安装呼叫器和求助电铃、建立老人信息卡、提升社区治安管理等。

（2）医疗保健：建立覆盖全区的监护网络和老人健康档案；结合老年人身体状况和需求量设立家庭病床，开展送医上门服务，如医疗咨询和服务（送药打针量血压）、体检诊断与治疗、医疗护理指导、康复保健指导及用具提供等。

（3）精神慰藉：以低龄老人和青少年为主组建志愿者队伍，开展互帮互助的结对关爱活动，提供就医配药、聊天读报等陪同服务，逢节假日、老人生日的庆祝活动等。

5.3 资源配置

5.3.1 人力资源

养老居住设施应当配备与其服务和运营相适应的行政管理和后勤人员、专业技术人员以及提供义务劳动、慰藉关怀的助老志愿者等。技术人员包括按照老年人医治救助需求配备规定数量的医生、护士、药剂师、检验师等卫生技术人员，以及提供康复护理、起居照料等改善老人生活品质的康复保健技师、临床营养师、心理疏导师和护工等。服务管理模式很大程度上影响着服务效率以及老年人的满意度，其中护理人员（指护工）与老年人配比关系是关键影响因素，需结合老年人自理能力和护理等级实施差异化配置。参考国内外养老机构介助、介护老人与照护人员的配比以及各地方评定标准，综合成本效率和服务质量，规定：半自理老人和不能自理老人护理员配置比例宜为 1:4 ～ 1:5 和 1:2 ～ 1:3[1]，当生活完全不能自理老人占入住老人总数 20% 以上时，养老护理员总数宜上浮 10%[2]。此外，每 100 ～ 150 名老人宜配置专业护士 9 名，每 40 ～ 50 名老人配置 1 名医生，行政管理人员不宜超过职工总数 10%[3]，康复保健服务人员按需设置。考虑到养老居住设施向居家老人提供上门服务的延伸性和开放性，其人员配置指标可酌情增加。

5.3.2 物力资源

根据老人基本需求和管理要求配置相应的物力资源，主要涵盖生活护理设备、医疗康复保健设备、智能化设备、老年人辅具、休闲娱乐设施以及包括供电给水、采暖空调、通信消防等在内的建筑设备等等（图 5-6）。参考《老年养护院建设标准》，应配备护理床、气垫床（防褥疮床垫）、助浴设施、加热餐车等护理设备；心电图机、抢救床、氧气瓶、吸

---

① 参考来源：河北省养老服务机构星级评定标准（试行），郑州市社会办养老服务机构管理暂行办法，中国养老信息网，http://www.yanglao120.com/。

② 数据来源：北京市质量技术监督局. DB11/T219—2004养老服务机构服务质量星级划分与评定[S]. 2004。

③ 邢风梅，董胜莲，张小曼，等.养老院人力资源配置现状及对策[J].河北联合大学学报（医学版），2013（03）：414-415。

5 医养导向下养老居住设施的规划策略

痰器、无菌柜、针灸按摩等医疗保健和康复治疗设备，采用现代信息技术和集成技术提供社区网络系统、综合信息平台、环境监测、安全保护（监控、定位、呼叫、跌倒检测）、生命体征检测以及高新技术产品（智能马桶、多功能护理轮椅、智能灯光控制）等智能化设备，积极开发应用各种老年人辅助器具，从穿着、饮食、卫生沐浴、沟通资讯到移动（代步车、轮椅、助行器、拐杖）、休闲、运动、无障碍环境改造等，按需设置适量棋牌设备、多媒体设备、运动器材等休闲娱乐设施。

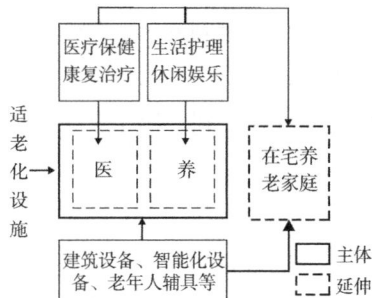

图5-6　物力资源配置示意

5.3.3　资源调配

社区养老居住设施的建设发挥着承上启下的作用，"承上"表现为承接城市的医疗卫生和养老机构，在需要紧急医疗救助时可通过绿色通道实现向大型综合医院

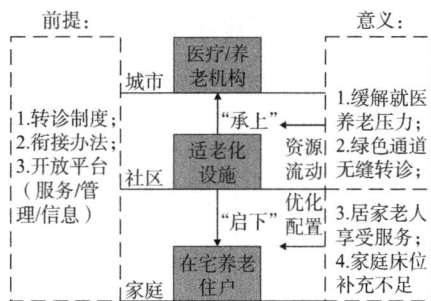

图5-7　养老居住设施"承上启下"的资源调配模式

的无缝转诊，同时为城市补给基础医疗资源和部分养护床位，以缓解城市就医和养老的巨大压力。"启下"是将医养资源导入社区中原宅养老的各住户，打破传统封闭的设施养老方式，使大量居家老人享有可靠、便捷的多样化服务，这种延伸且开放的模式也使家庭床位弥补了设施床位的不足。建立切实可行的转诊制度和衔接方法、搭建综合开放的服务管理平台是实现承上启下、促进资源流动和优化配置的重要保证，如图5-7所示。

5.4　户外环境

住房市场的不断发展推进了居住区户外环境的建设，使其成为影响社区档次定位和生活品质的关键要素。然而，当面对日益严峻的老龄化趋势时，社区环境的养老居住问题即展露无遗，其症结主要体现为：盈利目标驱动下，以牺牲安全为代价片面追求景观化和园林化效果；强调形式与技法，缺乏生活阅历和实地体验以及对老年人生活方式和行为模式的深入了解，而导致诸多不便和安全隐患；外环境设计滞后于小区主体建设，而导致质量欠佳、布局欠妥、矛盾突出等问题；对老人重视度不够，对社区环境适老化理解肤浅，而未能满足老年人健康生活的多层次需求。

设计时应着重从这些问题寻找突破口，提出相应的指导原则（图5-8）：

107

（1）从景观效果到人文关怀，转变当前景观至上的狭义视角，向整体性、多层次的人性化目标迈进；

（2）从形式主义到实用主义，充分考虑老年人的特殊需求和使用效果，将理论与体验、经验相结合；

（3）从滞后操作到全程跟进，多专业协作配合贯穿于社区规划全过程，并在后续开发建设中不断落实和调整；

（4）从硬性规定到弹性协调，适老化环境绝不仅限于无障碍设计，而是如马斯洛的"层次需求理论"，包括从健康安全到社会交往和自我实现的多重需求。社区环境作为联系居家养老和设施养老的户外过渡空间，承担着为老年人创造适宜的出行、活动、交往、游憩等场所的功能。下面将针对老年人最常使用的活动空间，如散步道、活动区、社交区、休憩区，以及户外设施和景观环境的设计原则进行深入探讨。

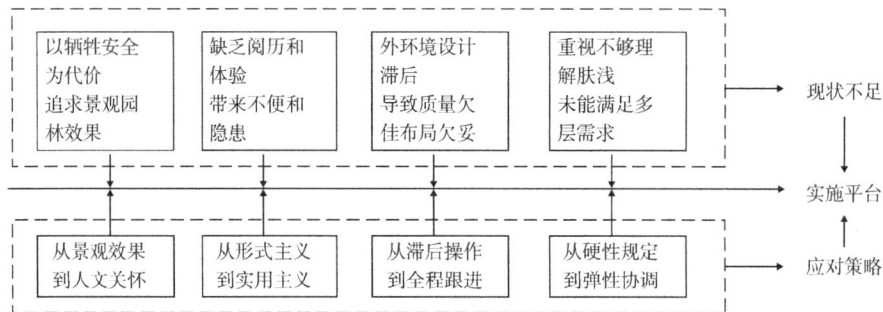

图5-8 环境建设的应对策略

5.4.1 散步道

散步道的设计以满足老年人健身、漫步和赏景的需求为目标。

（1）从居住单元入口开始，围绕景观区、途径活动区布置循环步道，并在适当距离设置休闲座椅供老人休息或交流。根据场地和气候条件，可设部分带顶棚和扶手的连廊，方便老人在恶劣天气时出行（图5-9）。

（2）提供难度和长度可供选择的步行道，坡道锻炼有助于改善老人的膝盖活动能力，可考虑设置缓坡步行道作为老人活动路线一部分。

图 5-9 带有连廊的散步道

（3）步道两侧植物宜多样有趣但不宜过密，保持视线畅通以提升老年人的安全感。

（4）沿路应设明显、清晰的导向标识，以免老年人困惑和迷路。可采取区分颜色和铺地形式、设置建筑小品等手段增强识别力（图5-10）。

（5）步道路面须符合无障碍设计要求，保证其连续性和防滑性（图5-11）。坡道两侧须设扶手，铺装应避免过度防滑处理以导致使用不便或发生磕绊，应选用吸水或渗水较好的材质。

图5-10　建筑小品标识
（来源：中国风景园林网，http://www.chla.com.cn/html/c93/2009-02/27508.html）

图5-11　散步道路面防滑且连续
（来源：搜狐焦点网，http://cz.focus.cn/photoshow/860053/63455716.html）

5.4.2　活动区

作为社区适老化环境中最重要的场所，应提供益于老年人强身健体、愉悦心情的类型多样且尺度适宜的开敞活动空间。其设计要点体现在：

（1）周边绿化结合场地朝向优化配置，为夏季提供更多荫凉、冬季获取较好阳光并避开寒风。同时还应考虑视线问题，便于过路老人观望和参与、避免阳光直射人眼（图5-12a）。

（2）场地应与居住单元留有适当距离，以免影响居民作息。不同主题场地可邻近布置，彼此可见但又有适当隔离以减弱声音干扰（图5-12b）。

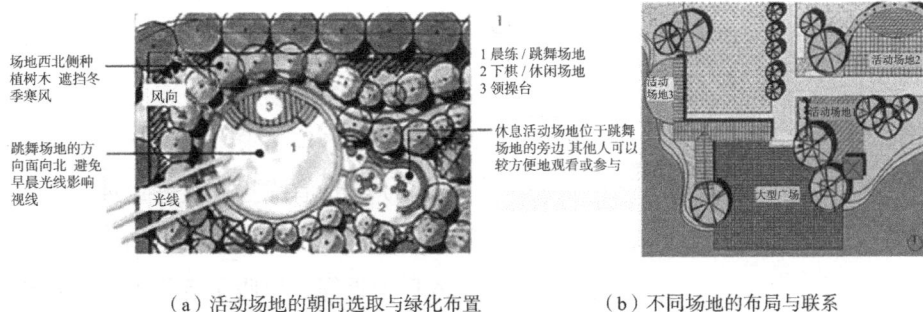

（a）活动场地的朝向选取与绿化布置　　（b）不同场地的布局与联系

图5-12　活动场地的设计要点
（来源：周燕珉《居住区户外环境的适老化设计》P62）

109

（3）根据老年人活动主题和参与人数确定场地大小，设置休息座椅、置物台面、电源及预留插口。

（4）健身区应安置适于老年人运动的健身器材，宜结合儿童游憩区配置，以便老年人看护儿童同时锻炼身体。

（5）场地铺设应以实用性和安全性为标准，选择表面均匀平整、防滑、无反光、透水性好、富有弹性的材质，且保证接缝小而平坦。

5.4.3 社交区

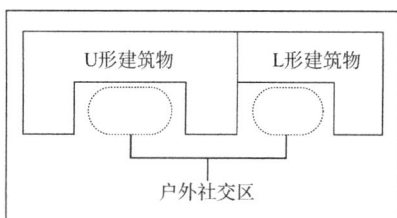

图5-13 建筑围合区布置社交场地

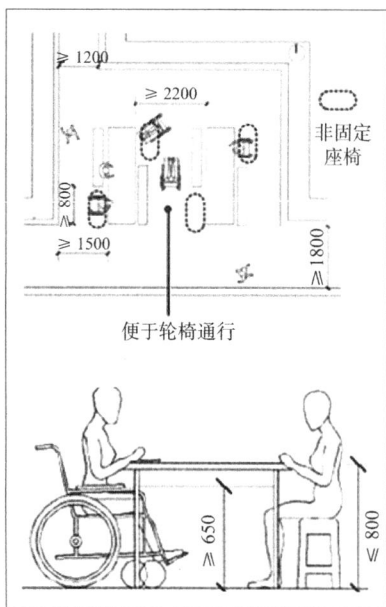

图5-14 社交区桌椅布置
（来源：参考周燕珉《居住区户外环境的适老化设计》改绘 P63）

设置老年人聊天、下棋等小型社交活动的场所，有益于促进老年人融入社会，并提升认同感和归属感。设计过程中应注意：

（1）场地宜选取在具有精神防护的区域，如L形和U形建筑两翼之间的围合区，以增强其私密性和安全感（图5-13）。

（2）场地满足社交活动展开之外，还需为旁观者和潜在参与者提供预留空间，且通道空间应考虑轮椅老人的通行使用。

（3）场地内设置桌椅便于老年人打牌下棋、放置物品。桌椅应具有稳固性可供老人扶靠，且边角须做特殊处理以免老人磕碰受伤。考虑轮椅老人使用，桌子一面应设不固定座椅。桌下空间应满足老人及轮椅老人的腿部放置，桌面距地面高度不宜大于80cm，桌面下缘高度不宜小于65cm（图5-14）。

5.4.4 休憩区

规划老年人的户外活动场地，应注意动静分区。设置休憩场所是为满足老人休息、闲谈、晒太阳、赏景等需求。在建设过程中应满足：

（1）选址宜靠近有良好景观或人流活动频繁的区域，如公共活动场地周边、散步道、单元入口附近等，以吸引老年人围坐观望或休憩观景（图5-15）。

（2）应满足向阳挡风的要求。可在座位区后设挡风墙或结合柱廊设局部墙体以达到挡风效果。

（3）为营造相对私密和安静的环境，可利用绿化、墙体、廊架等形成空间界定，但应保证与邻近散步道行人的视线联系，以免发生危险时不能及时被发现。

（4）休憩座椅周围可利用植物景观或移动遮阳伞遮阳。座椅宜选长条形以便老年人交流、看护儿童、放置物品等，不宜选用冰冷、坚硬的金属或石材。座椅应设扶手和靠背，坐面高度宜为 420～450mm，扶手高度宜为 180～220mm，且周边应留有轮椅空间。

图5-15　休憩区座椅布置

5.4.5　相关设施

（1）鉴于老年人日渐衰退的记忆力和空间辨识力，在社区重要地段设置适宜的标识系统则至关重要。标识应清晰明确、字体加大、高度适宜，表面不宜选用反光材质。利用颜色作提示时宜选用红、橙、黄等亮色，且字体与背景色应有强烈对比。

（2）社区内配置常规必设路灯外，还应在有高差和材料变化处、部分标志物处提供局部重点照明。同时还需考虑夜间照明，在不影响他人睡眠的前提下为老人提供安全保障。

（3）参考《城镇老年人设施规划规范》，在较大规模集中活动场地附近宜设公共卫生间，以解决老年人生理需求。

（4）在社区户外活动区域还可设置饮水处、茶室、小卖店等设施，提供便利服务的同时也促进老年人的利用与参与。

5.4.6　景观环境

良好的景观环境在很大程度上可提升老年人的愉悦度，舒缓他们的不良情绪。户外绿化和水体的设计要点主要包括：

（1）绿化配置应安全无害，不可种植带刺、有毒及根茎易露出地面的植物。为了加强老人的感官刺激，可配置一些花叶较大的观赏植物、结合季相变化配置不同树种，以建立老人对环境的认知、增强户外空间的识别性和观赏性。此外，还可考虑建设有益于老年人身心健康并且能缓解压力的康复疗养景观环境，提供一定区域的自种植区，丰富老年人的户外生活（图5-16）。

（a）康复疗养景观 　　　　　　　　　　（b）自种植区

图5-16　社区绿化种植

（来源：万紫苑《康复疗养空间景观设计研究》P16；搜狐资讯，http://roll.sohu.com/20140723/n402633982.shtml）

（2）社区内水池和花池等景观小品应便于轮椅老人接近、触摸和观赏。临水面应设护栏、扶手或高台等防护措施（图5-17）。

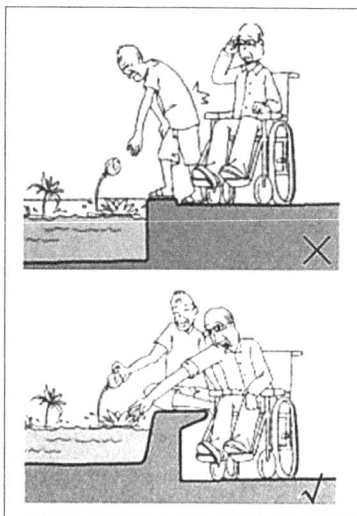

图5-17　社区临水防护

（来源：周燕珉《居住区户外环境的适老化设计》P64）

5.5　智能应用

随着养老需求的迅速扩大，智能化养老服务在我国逐渐崛起，与传统服务相比，具有成本较低、覆盖面广、服务灵活等诸多优点。它是通过各种高科技终端设备，随时随地了解老年人生活环境及健康状况，并作出及时、专业的回应，如生活习惯指导、膳食指导、运动指导、康复指导和紧急救援等，以弥补机构和家庭养老的局限性。在构建社区养老服务体系时即应充分发挥智能化技术的潜能，推行便民信息网、紧急呼叫和远程监控、健康信息共享与管理等服务（图5-18）。

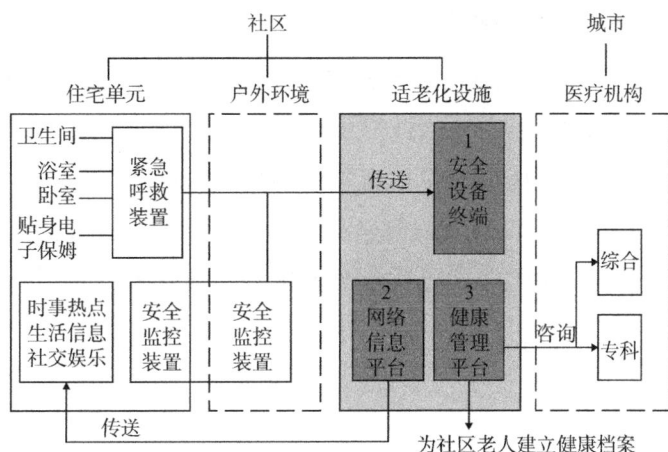

图5-18　社区智能化养老模式示意
（来源：笔者自绘）

5.5.1　便民信息网

旨在建立一个为社区居民尤其是老年人服务，使其生活更加便捷、舒适、丰富的专业化生活信息发布平台。内容涵盖：餐饮、休闲、购物、维修、搬迁、家政、旅游和娱乐等生活消费信息。主要功能和服务有：

（1）实时发布重点时事新闻、健康养生等老年人感兴趣的热点话题，以及社区内及周边发生的与老年人生活息息相关的通知、活动等。

（2）提供各种在线信息查询，包括：家政信息、医疗救护、家电维修、生活服务、心理咨询、紧急求助等重要信息，便于老年人遇到困难时及时找到解决途径。

（3）设立老年人交流论坛，满足他们交友、娱乐、写作等精神需求，为老年人表达情感诉求、发挥业余爱好提供平台。在软硬件配置方面，需要为网站的开通和后续维护提供一定的资金、技术、设备及人员。

5.5.2　紧急呼救与远程监控

（1）为老年人打造一个安全、便捷的数字化智能求助平台。如呼救系统贴身电子保姆，是老年人可随身携带、挂在胸前的一种无线呼救装置。发生紧急情况时，只需按动按钮即可与设施管理中心取得联系以获取救助。结合居家养老紧急呼救系统（包括卫生间、浴室、卧室）配置，可进一步加强对老年人的安全监管与援助，成为他们的"隐形伴侣"。

（2）在社区出入口、户外活动主要场所和居住单元出入口及其过道、楼梯、角落等有安全隐患的空间设置监控设备，加强治安管理的同时，还可预防老年人发生跌倒、碰伤等状况不能被及时发现的严重后果。

5.5.3 健康信息管理与共享

依托网络信息服务平台，为社区老年人建立健康信息档案，包括身体状况和心理状态等，汇总后可得到老年人的实时健康信息管理库。不仅便于监测和管理老年人的健康状况，还能为他们的治疗提供详尽的病理信息作为参考（如药物过敏史、既往病史、遗传病史等），以实现信息资源的利用与共享，优化就医诊治的流程与效率。另外，通过此平台，还可向周边社区、城市中的高水准医疗人员进行咨询，为老年人的健康生活提供更高保障。

6 医养导向下养老居住设施的设计方法

6.1 整体布局

在城市社区建设复合型养老居住设施的目的就是解决老年人看病困难、养护不足、交往欠缺等问题，搭建满足老年人基本诊疗、术后康复、预防保健、专业护理以及生活起居的需求，同时为社区居民开放、实现资源共享的服务平台。建筑布局应紧凑，满足合理的功能分区和建筑朝向，科学的洁污流线和便捷的内部交通，便于管理、减少能耗，为老年人和医护人员提供良好的服务环境。下面从基本型和基本型＋模块两个层面分述其建设策略，以便加强对该建筑整体设计布局的全面把握。

6.1.1 基本型

功能布局：基本型是按照老年人基本医养需求构建的设计模型，即建设时应当满足的最低标准。就整个建筑而言，包括与老年人生活起居密切相关的适老照护单元，为老年人提供诊疗康复、预防保健的核心医疗区，以及满足老年人休闲娱乐、日常照料需求的核心养护区。布局充分考虑三大功能体系的内容和属性，以及使用的便捷性、空间的可达性和环境的舒适性，将三者关系抽象，其功能模式如图6-1所示。深入研析其空间布局形态，可归纳为两种类型：

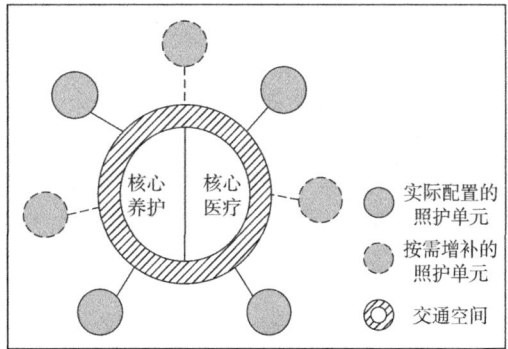

图6-1 医养功能模式示意

（1）台基塔型（层叠式）：照护单元以标准层的布局形式在竖向空间上叠加，与处于建筑底部核心区域的"医"和"养"模块发生关系，楼层随着老年人失能程度的增加而降低，直观的空间形态如图6-2所示。该类型适用于体量较大、资源紧张的经济型医养设施的建设。

（2）多翼并列型（分散式）：三个区域均通过水平交通空间串联而形成的低层、高密度布局模式，照护单元的介护区和介助区可独立并排设置，其空间形态如图6-3所示。此类型适用于规模不大、对环境品质要求较高、资源相对充沛的舒适型医养设施的建造。

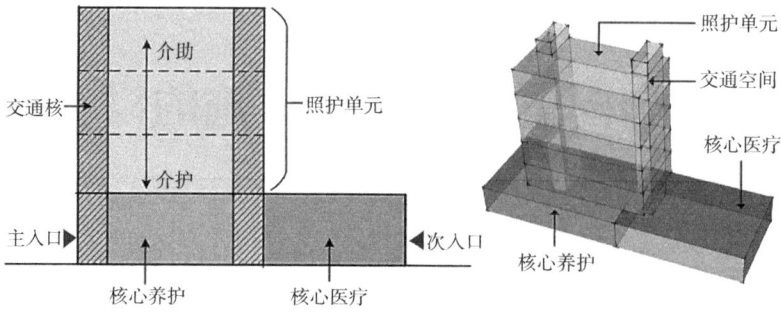

图6-2 台基塔型医养空间关系示意

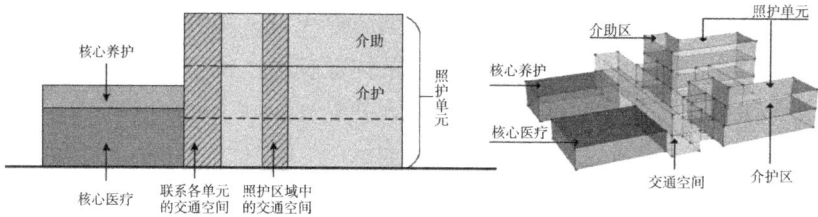

图6-3 多翼并列型医养空间关系示意

6.1.2 基本型 + 模块

所谓基本型 + 模块，是以标准化的医养模型为基础，根据社区及周边养老资源现状、当地经济发展水平以及老年人的切实需求，进行适度的功能复合、体块增补，目的在于进一步深化资源整合，为更多新建、改扩建的案例提供可供选择的菜单模式。其建设应当满足一定原则，即功能融合下的服务效率最大化，促进老年代际互动下的参与性、归属感提升。根据现有规范和标准，将社区中应（宜）建的养老项目或其他社区服务与基本型养老居住设施（这里以经济型为例）的功能配置进行融合，汇总可能结合的发展模块。

1. 老年人服务项目

1）老年人日间照料中心

是为以生活不能完全自理、日常生活需要一定照料的半失能老人为主的日托老年人提供服务的设施[①]。参考《社区老年人日间照料中心建设标准》，主要从项目构成、建设规模及服务内容三方面概括其营建标准，见表 6-1 所列。

---

① 中华人民共和国民政部.建标143—2010社区老年人日间照料中心建设标准[S].北京：中国计划出版社，2010。

社区老年人日间照料中心建设要求　　　　表6-1

项目构成	建设规模			服务内容
老年生活用房:休息室、沐浴间、餐厅 保健康复用房:医疗保健、康复训练、心理疏导 老年娱乐用房:阅览室、网络室、多功能活动室 辅助用房:办公室、厨房、洗衣房、公共卫生间等	老年人口(人)老龄化按20%计	老年人均房屋建筑面积(m²)	建筑面积(m²)	提供膳食供应、个人照顾、保健康复、娱乐和交通接送
	6000~10000	0.26	1600	
	3000~6000	0.32	1085	
	2000~3000	0.39	750	

（来源：参考《社区老年人日间照料中心建设标准》，由笔者梳理绘制而成）

对照构建的医养设施营建体系，老年人日间照料中心的功能构成基本囊括其中，若考虑二者合建，仅需在医养设施内适当增加一些老年人休息室，布局时遵循动静分区、适度隔离、安全便捷的原则，以每间容纳4~6人为宜，室内可设卫生间。此外，配置适量的交通工具并提供老人接送服务。与医养设施基本型的复合关系如图6-4所示。

2）老年服务中心

是为老年人提供各种综合性服务的社区服务机构和场所[1]。参考《城镇老年人设施规划规范》，服务内容主要包括：家政服务、健康服务、紧急援助、咨询代理、休闲娱乐，以及一定数量养老床位。其建筑面积宜为150~200m²，服务半径宜为500~1000米。相对医养设施基本型来说，在功能配置上更侧重为居家养老者提供送餐、保洁、助浴、代购、助医、精神慰藉等上门服务，设施本身主要为管理性质的辅助用房和少量养老居住用房。基于整合资源、节约成本的目的，可将其附加于医养基本型之上，二者关系如图6-5所示。

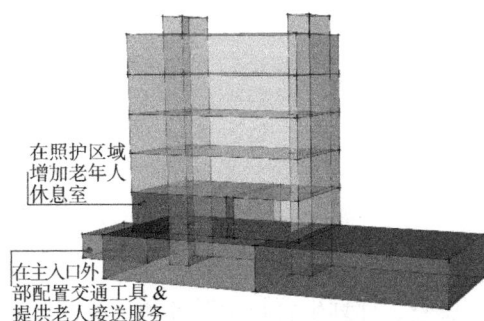

图6-4　基本型+模块1（老年人日间照料中心）　　图6-5　基本型+模块2（老年服务中心）

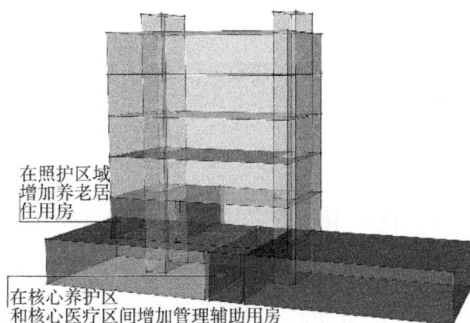

① 中华人民共和国建设部.GB 50437—2007城镇老年人设施规划规范[S].北京：中国计划出版社，2007。

3）老年活动中心（站）

是为老年人提供综合性文化娱乐活动的专门机构和场所。[①] 服务内容主要包括：活动室、棋牌室、教室、阅览室、保健室以及 150 ~ 300m² 的室外活动场地，用地面积宜为 300 ~ 600m²，建筑面积为 150 ~ 300m²。考虑该机构功能单一、体量不大且布局简单，与医养设施合并建设，不仅可以提高医养建筑中文娱活动用房的使用率，推进资源的整合优化，同时可以促进不同年龄段老年人的交往沟通，提升他们的社会参与性和社区归属感。在医养设施基础上附加老年活动中心（站）功能时，需要根据具体的老年人口规模及需求补充一些活动用房并适当增加一些教室和室外活动场地（图6-6）。

4）老年学校（大学）

是为老年人提供继续学习和交流的专门机构和场所。[②] 其服务内容包括：普通教室、多功能教室、专业教室、阅览室以及若干独立的室外活动场。[③] 随着数字信息技术的快速发展和普及，以及网络资源更加便捷的传播与共享，借助网络平台开展远程老年教育的实践已被越来越多的老年人所接受。在进行社区老年学校的规划设计时，应当充分发挥网络信息技术的优势，在一定服务半径内进行合理建设。可考虑与医养设施进行适度融合，通过在医养基本型的文娱区域中增加适量的教室及相关设施设备、扩展原有的阅览室规模、设置分区的室外活动场地等，实现进一步的资源优化（图6-7）。

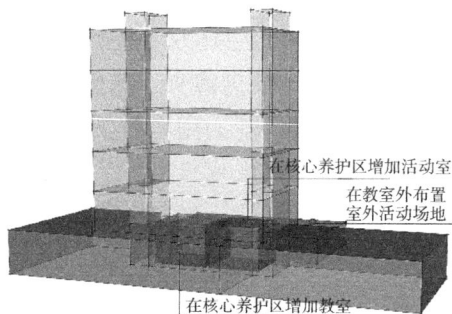

图6-6　基本型+模块3（老年活动中心）　　图6-7　基本型+模块4（老年学校（大学））

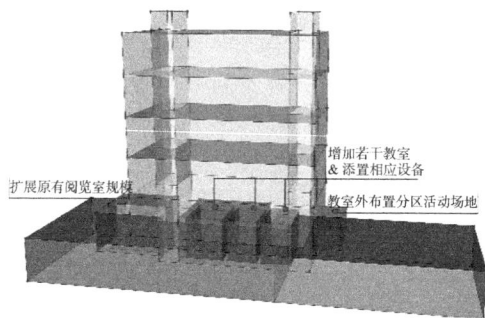

2. 全民服务项目

1）社区卫生服务中心（社区诊所）

以社区、家庭和居民为服务对象，以妇女、儿童、老年人、慢性病人、残疾人、贫困居民等为服务重点，开展健康教育、预防、保健、康复、计划生育技术服务和一般常见病、

---

① 中华人民共和国建设部.GB 50437—2007城镇老年人设施规划规范[S].北京：中国计划出版社，2007。
② 中华人民共和国建设部.GB 50437—2007城镇老年人设施规划规范[S].北京：中国计划出版社，2007。
③ 蒋朝晖，魏维，魏钢，等.老龄化社会背景下养老设施配置初探[J].城市规划，2014（12）：48-52。

多发病的诊疗服务，具有社会公益性质，属于非营利性医疗机构。[①] 参考《城市社区卫生服务中心基本标准》，分别从项目构成、建设规模和具体服务内容分析其建设要求，见表6-2所列。

社区卫生服务中心建设要求　　　　　　　　　　　　　　　　表6-2

项目构成	建设规模			服务内容
临床科室用房：全科诊室、中医诊室、康复治疗室、抢救室、预检分诊室	老年人口规模（人）老龄化按20%计	建筑面积（m²）	床位及每床建筑面积	公共卫生：信息管理、健康教育、疾病预防、保健指导、技术咨询等；基本医疗：常见病诊疗护理、应急救护、家庭医疗、双向转诊、康复医疗
	2000 ~ 6000	1000	5张日间观察床和适量康复护理病床，按每床≥30m²增加面积	
预防保健用房：预防接种室、妇女保健与计划生育指导室、儿童保健室、健康教育室医技科室用房：检验室、B超室、心电图室、药房、消毒间、治疗室、处置室、观察室管理保障用房：健康信息管理室等	6000 ~ 10000	1400		

（来源：参考《城市社区卫生服务中心基本标准》，由笔者梳理绘制而成）

由于医疗卫生机构的运作具有独特的专业性和复杂性，建设时需要综合考虑医技资源、设施环境、功能空间等多项要素。而社区医养设施具有这样的基础条件和发展空间，对于部分资源匮乏或需整合的社区，在进行规划布局时可考虑二者的融合。这要求本着以人为本、方便就诊的原则，通过对比医养建筑的构成标准，进行功能的增补和调整，例如：在临床区域中增加全科诊室和预检分诊室；在预防保健科室中细化预防接种室的各项功能，增补妇女及儿童保健室；医技区域中按标准增设消毒间，以及适量观察床和康复护理床的设置。两种建筑的功能复合示意如图6-8所示。

2）社区食堂

是以社区居民特别是居家老人、工薪阶层等中低收入群体为主要服务对象，以满足居民便利、实惠、放心的日常餐饮消费需求为目标，提供大众化餐饮服务的公共服务设施。参考《饮食建筑设计规范》和各地方社区食堂标准化建设实施意见，建筑面积宜按一次提供集中用餐50人的标准进行配置，每座建筑面积为0.85 ~ 1.1m²，餐厨面积比不低于1：0.3，服务半径宜小于等于500m，就餐公用部分包括门厅、过厅、休息室、洗手间、卫生间、收费处、小卖和外卖窗口等，厨房部分主要包括食品加工间、备餐间、洗涤消毒间与食具存放间。鉴于社区食堂使用对象以老年人居多，在条件允许的情况下，若将食堂与医养设施合并建设，不仅更便于老年人享有其他各种养老服务，也为医养设施内外的老年人交往创造了机会。二者在进行功能复合时，需要在医养设施的核心养护区域内适当加大餐厅、厨房以及相应辅助用房的面积，考虑社区居民使用的开放性和便捷性（图6-9）。

---

① 卫生部、国家中医药管理局.关于印发《城市社区卫生服务机构管理办法（试行）》的通知，2006-06-29。

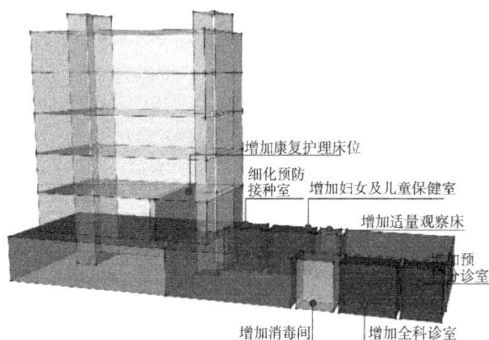

图6-8 基本型+模块5（社区卫生服务中心）

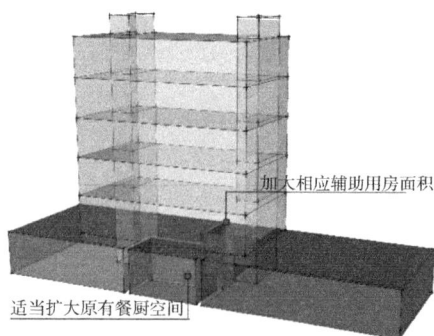

图6-9 基本型+模块6（社区食堂）

3）社区药店

为社区居民提供优质平价的健康产品和专业的健康服务。参考《城市居住区规划设计规范》，其服务半径宜小于等于500m，建筑面积为200~500m²。据大量文献和实地调查显示，目前社区药店的建设与发展存在诸多问题，如经营管理混乱，规划布局不合理，国家政策、社区医疗和平价药店对社区药店的考验和压力等等。基于其面临的困境，以及建筑本身功能简单、面积不大的特点，而医养设施提供一定的医疗服务，用药需求人群比较稳定且集中。因此，在进行社区规划时，可通过适当加大医养设施的药房面积，配备适量的药师或执业药师，实现与社区药店功能的融合（图6-10）。

4）便民商店

为社区居民提供小百货、小日杂的小型商业服务设施。其服务半径宜小于等于500米，建筑面积宜大于等于80m²，一般设在靠近小区出入口的位置。对于规划布局在社区医养设施附近的便民商店，可考虑与其合设，通过适量增加贩卖区的面积实现资源的整合，也为设施内老年人提供更便捷的服务（图6-11）。

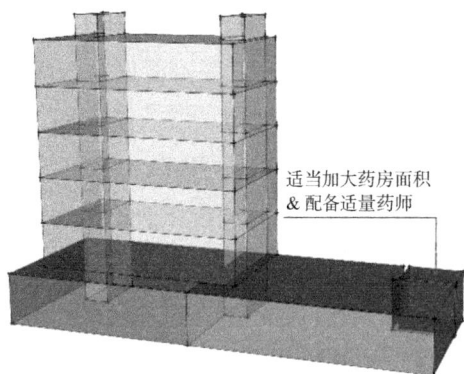

图6-10 基本型+模块7（社区药店）

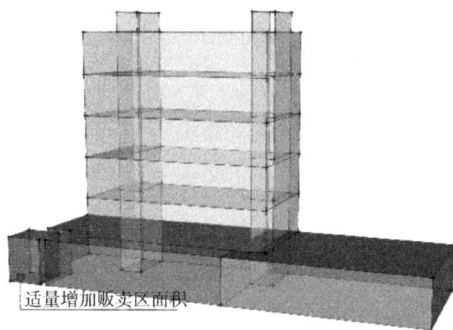

图6-11 基本型+模块8（便民商店）

3. 互动互助项目

1）婴幼儿洗浴中心

为新生儿和婴幼儿提供洗浴、游泳等健康保健服务的设施，主要包括洗澡台、抚触台、消毒柜、游泳池以及供热设备。是国内目前非常流行的一项育儿保健运动，在部分社区的配套服务设施和医院中已有设置。考虑到婴幼儿洗浴中心功能简单、体量不大、多为复合型建筑的嵌入式模块，可以尝试将其纳入医养设施的营建体系中，不仅利于资源的整合，也可促进老幼代际间的交流，为这个养老建筑注入更有活力的"新鲜血液"。二者合并设置的功能复合如图 6-12 所示。

2）儿童照护中心

诚然，照顾好老人和小孩，社区就和谐了。一个健康有机的社区少不了邻里互助、尊老爱幼等传统美德的支撑与维系。在推进建设社区养老居住设施的过程中，一些提供临时托管儿童服务的设施也逐步发展起来，如儿童照护中心，主要是解决一些双职工家庭孩子无人照顾的难题。在社区规划中，若将这类设施与医养建筑合并建设，除了照看儿童的需求可以得到满足之外，还能为老幼互助创造有利条件。通过不同主体间的交流将日常程式化的活动形态提升为富有弹性和创造性的状态，运营方式由被动性、客体性的"照料模式"转为能动性、主体性的"助长格局"（图 6-13）。

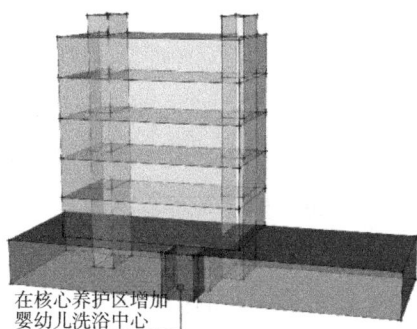

图6-12　基本型+模块9（婴幼儿洗浴中心）

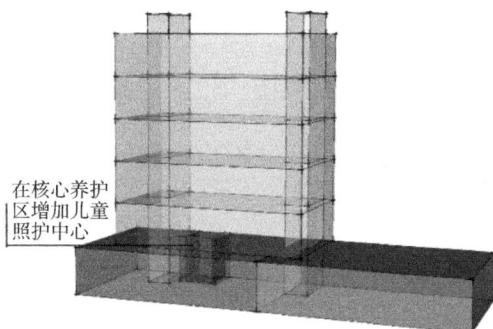

图6-13　基本型+模块10（儿童照护中心）

6.2 单元设计

养老居住设施各单元建设要求　　　　　　表 6-3

项目 单元名称	所占比重 （%）	建设规模 （m²）	功能构成（基本型）	设施设备（重点）	人员配置
适老照护单元	58	3480	居室、护理站、交往空间、污洗室、储物室、公共卫生间	紧急呼叫系统、安全监测系统	以护士、护工为主，医生定期巡诊

续表

项目 单元名称	所占比重 （%）	建设规模 （m²）	功能构成（基本型）	设施设备（重点）	人员配置
核心养护单元	23	1380	入口服务区、活动室、餐厅、厨房、特殊浴室、多功能厅、公共卫生间、管理办公室	特殊洗浴装置、计算机网络、娱乐活动装备	一般服务人员、行政办公
核心医疗单元	19	1140	药房、收费、诊室、检验、治疗、处置、输液观察、康复、保健、医护办公、公共卫生间	康复训练设施、医疗器械、保健装置	全科医生、康复师、保健师、心理辅导师

建筑是由一系列功能各异但又相互联系的单元空间构成的，它们之间存在着一种模式。探讨这种模式实际是挖掘整个系统层面上各单元空间的均衡性以及它们之间的内在联系。完整的单元设计包括对其建设规模、功能构成、空间布局、设施设备，以及人力资源和服务水平等硬件和软件指标的规定及操作方法的说明。基于前期的文献调查和专家调查问卷的权重分析、老人访谈内容的汇总，结合相关规范和标准的规定，可以初步构建医养设施各单元设计的策略与方法。表6-3主要从规模、功能、设备和人员配置几方面，对适老照护、核心养护和核心医疗三个单元的建设要求进行整合与概括（以6000m²，150床的建设规模为例，以问卷调查结果和《养老设施建筑设计规范》为依据，上下可浮动10%）：

下面将重点对单元的空间形态、布局模式进行剖析和展示。

6.2.1 适老照护单元

适老照护单元是与老年人日常生活关系最为密切的场所，不同于医院中由病房组成的护理单元，也区别于纯粹养老型建筑中的居住单元，而是由不同护理级别的居住区＋应急处理医护问题的护理区＋公共活动交往区＋辅助生活服务区构成的复合体系，打破了传统集中化、无差别的功能格局，通过分区管理、分层设置，基本实现向功能细化、服务层级化的转变（图6-14）。其设计的合理与否直接关系到老年人生活品质和服务人员工作效率的高低，故设计时应当严格遵循一定的原则，如高效性、私密性、健康性和舒适性，满足疏散、防火等要求。这里以经济适用、便于管理的集中式布局为例。

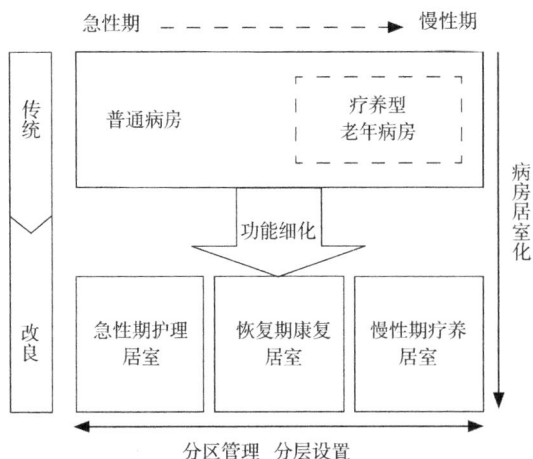

图6-14 病房居室化示意
（来源：参考《建筑设计资料集成 福利·医疗篇》P99）

1. 基本型

适老照护单元的布局形态有两种分类方式：①根据流线形态，分为中廊式、外廊式、复廊式和回廊式；②根据护理站位置，常见有居中型和邻近交通核的入口型，以下将分别对这些布局模式进行详细解析。

（1）中廊式：该类型是利用一条内走廊作为主要交通空间，造价低、占地少，易取得较好的自然采光及通风和朝向，且结构简单、易于实施。以直线形廊式布局居多（图6-15、图6-16），但随着床位规模的扩大，护理路线加长，其管线长、占地大的问题就愈加突出。T字形、L字形和Y字形，即打破了单一长条式的弊端，使功能更趋紧凑，提高了医护巡视效率，也利于护理站、辅助房间的布置，以及老人之间、老人和医护人员之间的互动（图6-17~图6-19）。居室有单面布置和双面布置两种形式。在建筑一侧存在噪声源或景观非常好的场合，可采用一侧集中配置居室的单面型。

（2）外廊式：即利用靠外墙的走廊联系各房间的布局形式，其采光和通风均优于中廊式，但在同等面宽下可布置房间数量缩减，不利于节地，且对建筑防寒、保温的要求较高，节能缺陷也较为明显，目前主要应用于南方小体量适老化设施的建造之中。以L形外廊式为例，如图6-20所示。

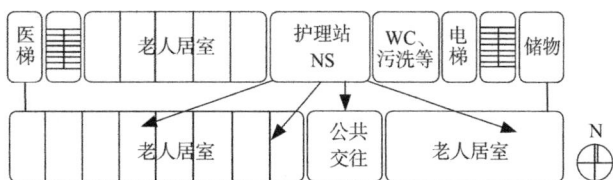
图6-15 中廊式照护单元（直线双面）布局示意

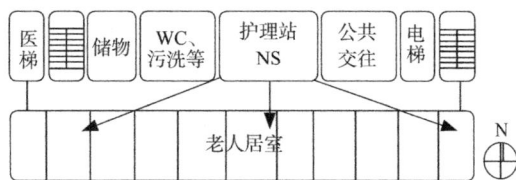
图6-16 中廊式照护单元（直线单面）布局示意

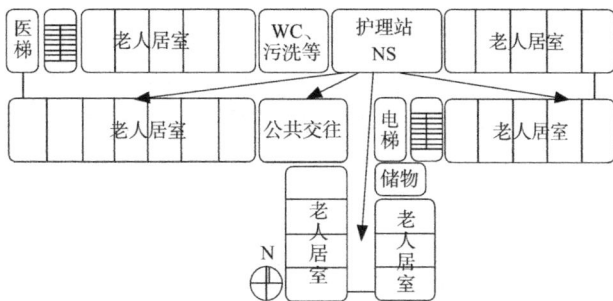
图6-17 中廊式照护单元（T字形）布局示意

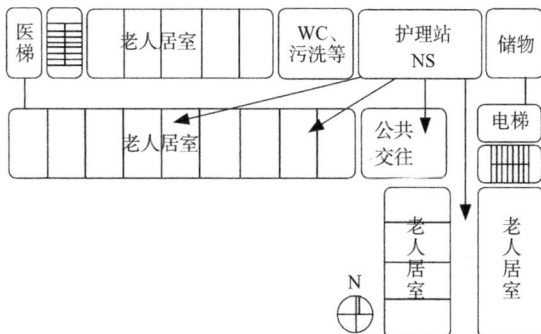
图6-18 中廊式照护单元（L字形）布局示意

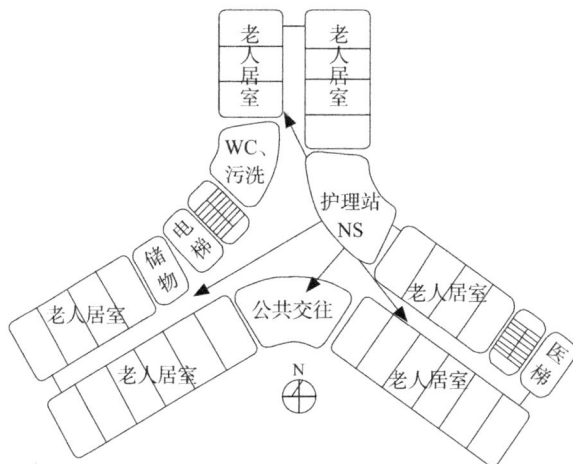

图6-19　中廊式照护单元（Y字形）布局示意

（3）复廊式：是将居室沿周边布置，辅助用房置于中间的布局模式。相对于单廊式便于在不同走廊两侧安排身心状况有一定差异的老年人，私密性较好，比单廊单面型更利于护理路程的缩减、服务效率的提升（图6-21），适用于较大规模设施的建造。为了改善中间一排房间采光不足的缺陷，可通过增加小天井改进其采光和通风，用在南方的多层或低层照护单元效果明显，对某些受地形限制的适老化设施来说，也不失为一种较好的选择方案。

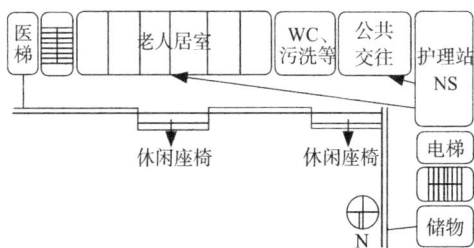

图6-20　外廊式照护单元（L字形）布局示意

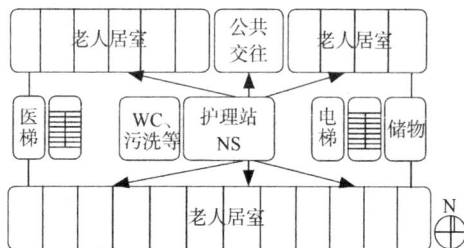

图6-21　复廊式照护单元布局示意

（4）回廊式：即环形走廊将交通核、护理站等用房包裹在中间，居室配置在走廊四周的模式。是在复廊式基础上，进一步压长加宽，使平面更加紧凑，护理路线也更短。形态多样、总体布局统一，从最初方形环廊到变形而来的三角形、圆形和多角形等等（图6-22、图6-23），它们具有布局紧凑、服务高效但自然通风和采光欠佳的共性外，还存在各自的一些优势或缺陷。如圆形回廊，护理站设于圆心部位，各居室绕厅布置，距离均等且视线开敞，利于医护人员与老年人的互动交往，但在护理站和环廊面积一定的情况下，为了不影响直观监护的效果，圆形半径不宜过大，即对居室进深有一定限制，床位规模宜为25张左右。

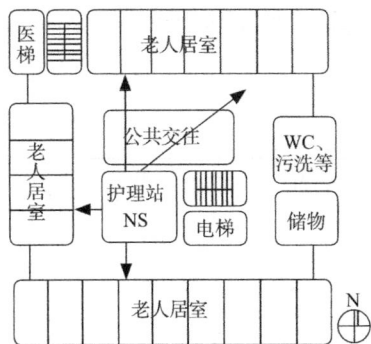

图6-22 回廊式（方形）照护单元布局示意　　图6-23 回廊式（三角形）照护单元布局示意

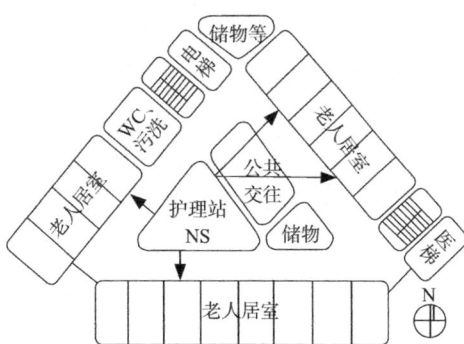

2. 基本型＋模块

以前文研析的整体布局＋嵌入式模块（各种社区设施）为基础，在照护单元基本型之上，附加相应的功能模块，这里以 L 形中廊式为例。归纳整合，主要包括两种类型：

（1）＋老年人休息室或老年居住用房，鉴于二者服务对象与服务内容接近，故将其合并为一种模式。考虑到便于对外服务和合理分区的要求，将该模块置于照护单元底部、靠近核心养护区的部位（图 6-24）。

（2）＋康复护理病房，是面向社区居民开放的卫生服务区域，靠近底部的核心医疗单元（图 6-25）。

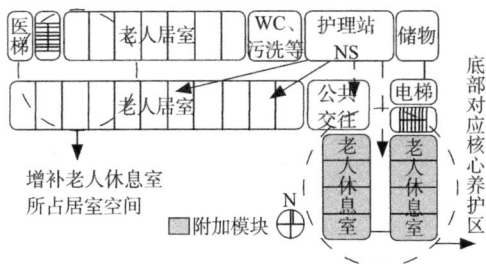

图6-24 照护单元基本型+模块1（老年人休息室）　图6-25 照护单元基本型+模块2（康复护理病房）

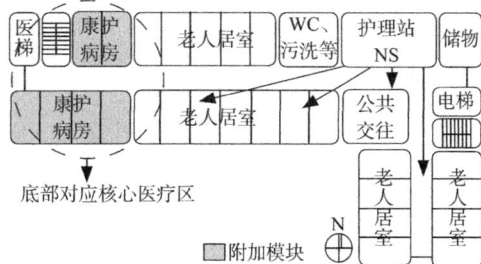

3. 优化型

依据专家调查问卷的权重分析结果，权值较小的功能房间可作为照护单元基本型附加设置进而优化的对象，包括亲情居室、公用厨房和公用沐浴间。此外，还可针对为老年人提供互动交流的场所进行改良，涉及老人居室中的阳台部分，以及公共交往空间和交通空间，结合老年人的兴趣爱好和生活习惯，设置具有较大机变性的弹性空间，例如便于老年人晒太阳、会客、种植花草的阳光廊，环境更舒适、更温馨、功能更丰富的公共交往场所，以及设置信报箱、休息座椅的候梯厅等等（图 6-26 所示）。其空间组织就如同一个大套间，包括大客厅、公共厨房和带卫生间的卧室，这种"家庭模式"更能促进老人和医护人员的交流，提高护理质量和老年人生活质量。

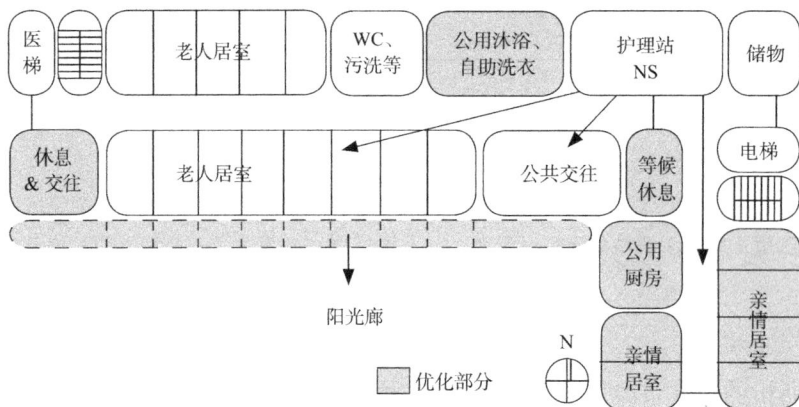

图6-26 照护单元基本型优化示意

6.2.2 核心养护单元

核心养护单元是为老年人提供从入住接待到日常生活照料以及休闲娱乐活动的综合服务区域，相对于适老照护单元，属于公共开放空间。故其设计原则与空间布局形态都区别于较为私密的起居照护部分，是以对外开放性、便捷性、可达性和舒适性为宗旨，创造令人愉悦的、舒心的环境氛围。相比传统的养老设施，更注重人性化的细部设计和多样化的功能布局。

1. 基本型

基于对访谈调查的整理和国外案例的解析，针对核心养护区的布局形态进行归类整合，大致概括为两种类型，即一字形的中廊式和口字形的回廊式，下面将详细论述不同模式下的空间格局及其优劣特征。

（1）中廊式：按照使用者的活动路线和分区原则，将功能空间沿中央走廊两侧依次排列开来，形成一字形尽端式（图6-27所示）。这种模式最为常见，具有结构简单、布局紧凑、使用率高、节约用地等优点，不过空间较为单一、缺乏变化性和灵活性，在布局时更须注重把握宜人的空间尺度，营造亲人的居家氛围，体现人本的细部处理，以改善并丰富其内部环境。

（2）回廊式：即以口字形的走廊串联各个空间，中间设置内庭院的布局模式（图6-28），庭院不仅是调

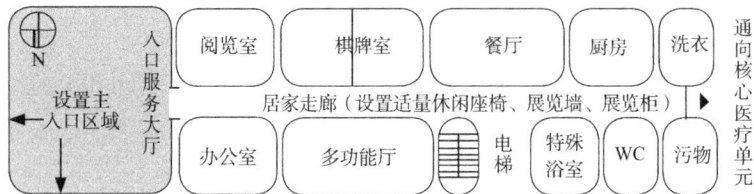

图6-27 中廊式核心养护单元布局示意

节微气候、供老年人赏景的室外场所，也可作为室内功能向室外延伸，提供老年人休闲娱乐、会客聊天、健身锻炼或种植花草的弹性空间。该模式相较一字形中廊式，具有较好的景观视野和更明确的功能分区，但同时也存在占地较大，部分房间朝向稍差，流线增长等问题，更需加强流线及其标识的合理化、清晰化设计。

2. 基本型 + 模块

本着整合资源、便于服务的原则，将社区配套服务设施与适老化医养设施进行适度复合，在核心养护区域则有相应功能空间的嵌入，按服务

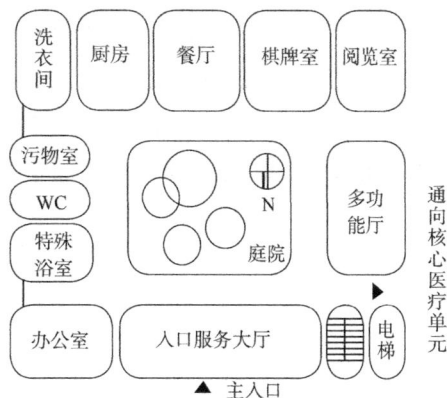

图 6-28　回廊式核心养护单元布局示意

类型来分，主要包括为老年人服务的教室及室外活动场地（图 6-29），以及促进代际互动交流的儿童照护中心和婴幼儿洗浴中心（图 6-30）。这里以常规的中廊式为例，布局时应充分考虑与原有功能的顺应关系，是否符合日常行为习惯等。

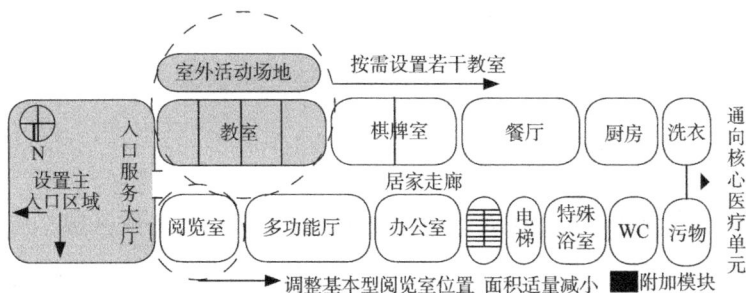

图 6-29　核心养护单元基本型+模块1（教室及室外活动场地）布局示意

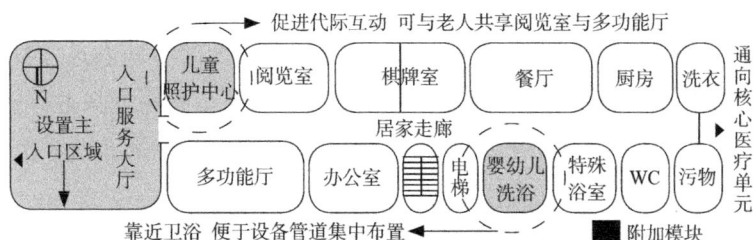

图 6-30　核心养护单元基本型+模块2（儿童照护中心&婴幼儿洗浴中心）布局示意

3. 优化型

就已建构的核心养护基本型进行优化，可从扩大规模、细化功能和增补空间三方面着手，诸如对原有餐厨空间和辅助办公用房、阅览室的适度扩大，为社区居民提供更便捷的

多样服务;进一步细化入口大厅的服务功能,包括前台接待、入住登记、值班监控以及相对独立的信报收发和贩卖区域,为入住老年人创建舒适、便捷的居家氛围;在恰当区域增加书画练习、网络聊天和体育运动等活动室、理发室等。全面整合三种优化手段(细化、增补、扩大)的操作方法,具体如图 6-31 所示。

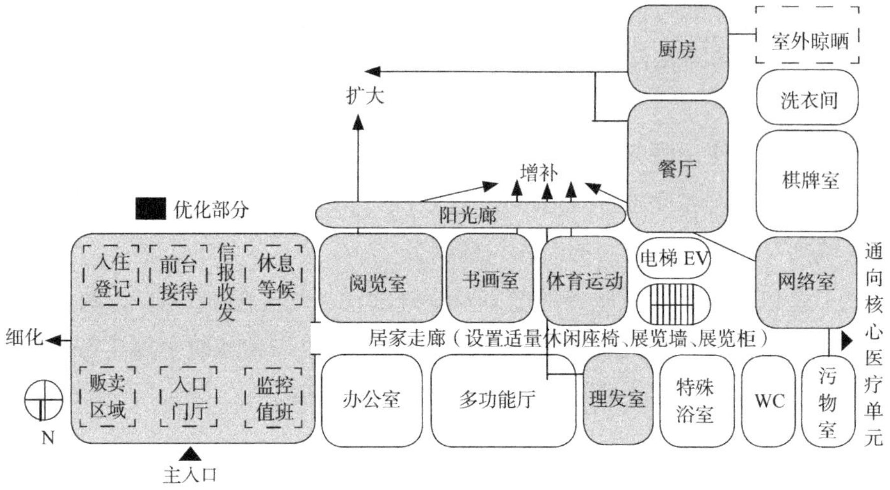

图 6-31　核心养护单元基本型优化示意

6.2.3　核心医疗单元

核心医疗单元是为老年人提供基本医疗护理和保健康复服务的区域,与核心养护区结合形成公共开放的为老服务场所,属于医养结合导向下新型适老化设施区别于传统养老设施的核心关键部分。故设计时应以相关规范为准则,着重处理其功能配置、布局形态、流线组织,以及与其他两个单元的衔接和室外环境的关系等。

1. 基本型

以经济节约、易操作、易推广为原则,整合归纳医疗单元的布局模式,同核心养护单元,大致分为两种类型,即中廊式和回廊式。考虑到社区居民享有医疗保健等资源的便捷性,以及该区人流、物流与核心养护区的适度隔离,故在核心医疗单元设置次入口,以便对外服务。

(1)中廊式:参见核心养护单元中廊式的布局特征,其功能空间配置如图 6-32 所示。设计时侧重医疗卫生的洁污分区、合理的流线组织,以及创建不同于传统医疗建筑阴森冰冷的明亮且舒适的室内环境。

(2)回廊式:其布局优缺点同核心养护区的回廊式,具体设计如图 6-33 所示。该单元中庭的设置不仅作为观赏、娱乐之用,更体现在其促进人体康复、舒缓情绪的疗愈价值。

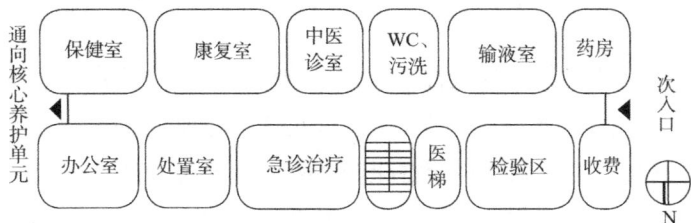

图6-32 中廊式核心医疗单元布局示意

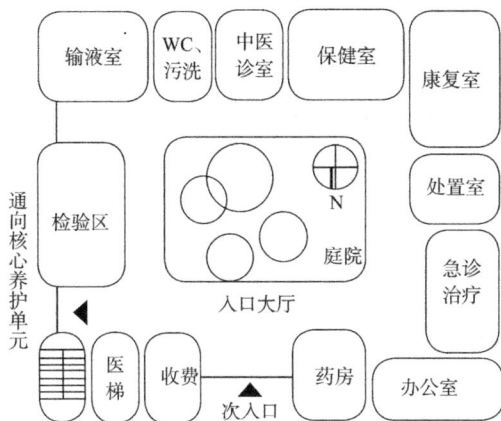

图 6-33 回廊式核心医疗单元布局示意

2. 基本型 + 模块

以中廊式为基本型，当与社区卫生服务中心合并建设，需嵌入相应的附加功能空间，如儿童和妇女保健室、全科诊室与预检分诊室，以及消毒室，具体布局形态如图 6-34 所示。复合时应重点解决流线的合理性与使用的便捷性。

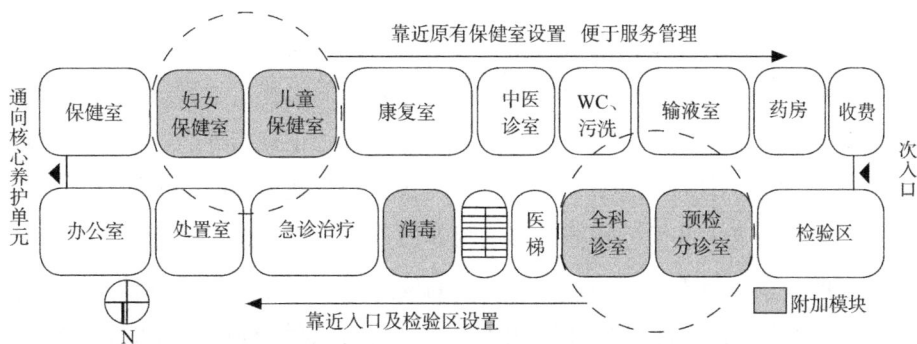

图6-34 核心医疗单元基本型+模块（妇幼保健+诊室+消毒间）布局示意

3. 优化型

即在基本型的基础上，综合规范标准和权重分析进一步改良的优化版本。主要涉及增补和细化两部分，体现在：增加内外科诊室、抢救室、心理疏导室以及适量观察床位和药房面积；细化检验区的功能，除常规检查化验之外，设置 X 射线、B 超、心脑电在内的功能检查。其次，改善输液室环境，考虑老年人消遣娱乐以及家人陪护的需求。再次，细化保健室和康复室内的功能布局，以适应更高配置、更多人群使用的需求。其整体优化模式如图 6-35 所示。

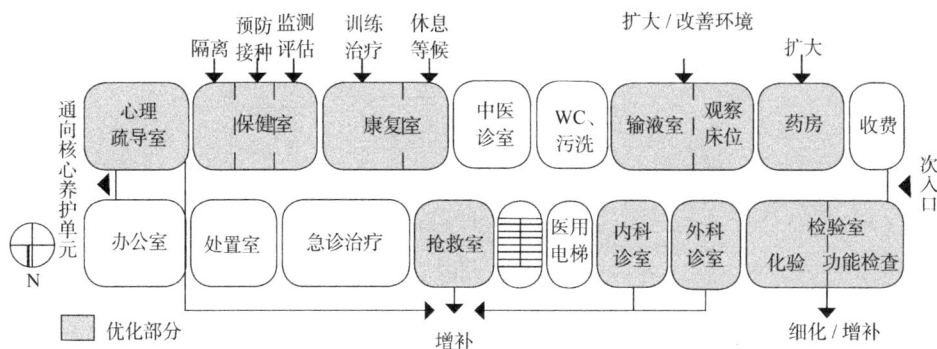

图 6-35　核心医疗单元基本型优化示意

6.3　照护空间设计

在设计养老空间环境过程中，对老年人体工效学进行相关性研究至关重要，其本质就是使空间尺度、工具使用方式及环境适合老年人体自然形态，尽量减少在空间内活动造成的疲劳和不适。这就需要结合老年人特有人体尺度进行设计，其模型尺度以老年群体代谢功能降低，身体各部分产生相对萎缩的过程作为测量依据。根据我国老年医学的研究资料初步确定其基本尺寸：35 ~ 40 岁之后逐渐出现衰减，70 岁身高比年轻时降低 2.5 ~ 3%，女性缩减率高于男性，有时最大可达 6%[①]。故根据身高降低率和实地测量结果，结合国外相关数据，可推算老年人身体各部位大致的标准尺寸，以此为依据指导老年住宅设计研究（图 6-36）。为了营建舒适、便捷无障碍环境，还需考虑完全失能老人的行为特点及常见问题与障碍，重点把握轮椅老人的尺度特征，参见图 6-37。与站立老人相比较而言，在人体尺度与环境障碍方面存在明显差异，诸如水平视线高度降低、手臂活动范围缩小、轮椅占用空间较大等，故设计应综合二者需求，以通用性、人性化为原则，进行空间尺度的调整，家具、设备的选取与安置，以及室内采光、色彩等环境设计。以下将详细论述照护单元中若干重

---

① 梁娅娜. 居住区户外环境老年人适应性研究[D].大连：大连理工大学，2006。

要空间的设计要点和布局模式。

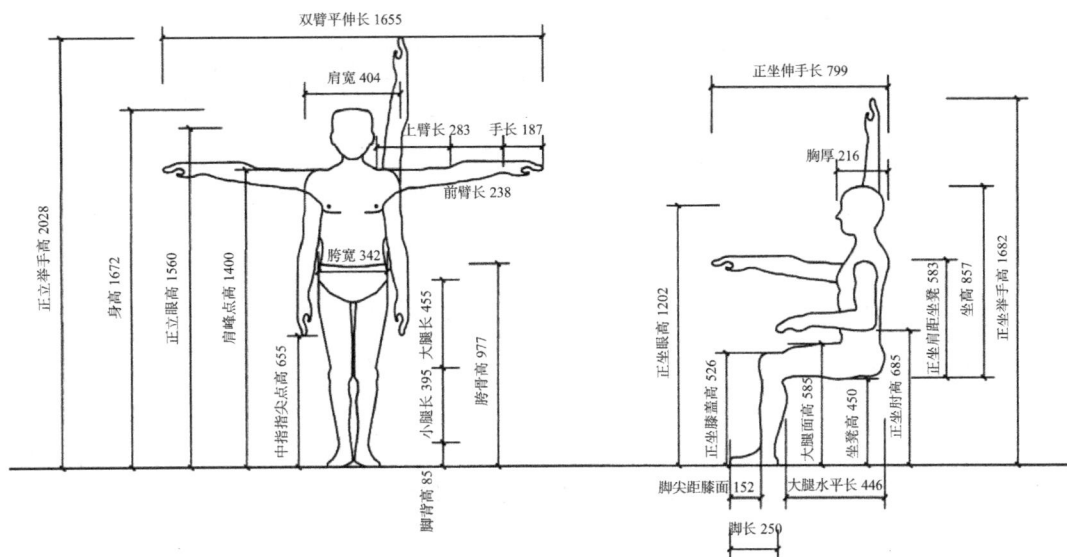

（a）老年男性人体测量图（样本平均年龄：78.9 岁，尺寸单位：mm）

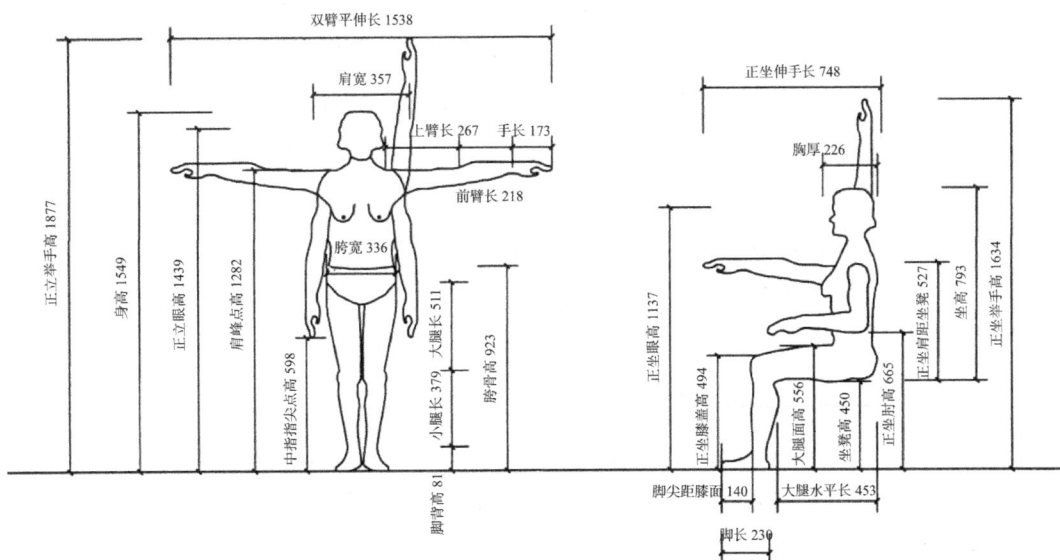

（b）老年女性人体测量图（样本平均年龄：79.6 岁，尺寸单位：mm）

图6-36 站立老年人人体尺寸测量示意
（来源：周燕珉《老年住宅》P43）

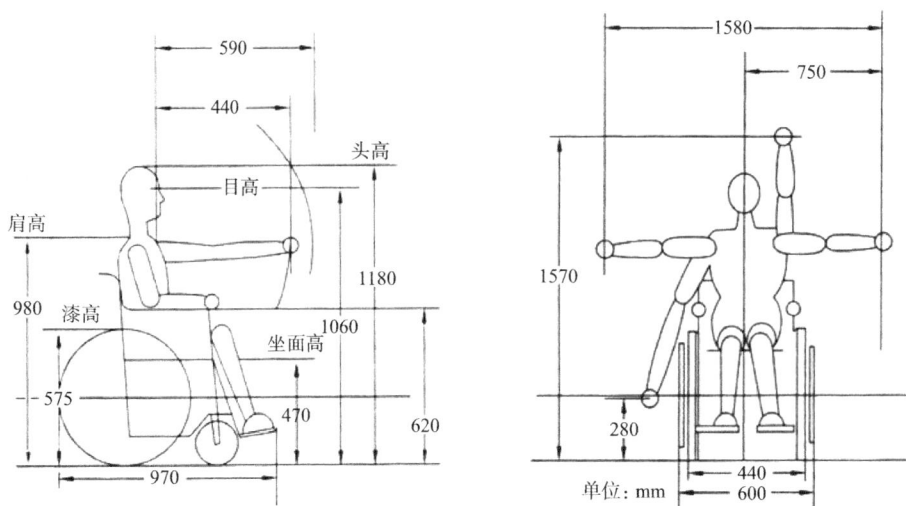

图 6-37　轮椅老年人人体尺寸测量示意
（来源：家の光協会《高齢者にやさしい住宅増改築実例集》P73）

6.3.1　居室

设计要点：该居室既不同于传统的老年住宅，也区别于医院的病房，是介于两者之间兼具温馨的居家氛围和医疗护理功能的养老居住空间。其设计如何能满足老年人的医养需求是目前适老化设施建设中亟待应对的问题，也是我国住宅可持续发展的关键所在。总体来说，应遵循前瞻性、安全性、适用性和可操作性的设计原则，结合老年人人体尺度，从消除高差、加大走道宽度等无障碍处理，以及选取防滑舒适材料、安置智能化设备、实现家具灵便化等精细化设计着手，就主要功能空间——入口门厅、卫浴、起居会客、护理区、睡眠区、储藏区、通行区、阳台的设计要点进行详细解析与归纳整合，见表6-4所列。

居室空间设计要点　　表6-4

性能	性能细项	设计要点
空间使用性能	规模尺度	参考相关规范，经济高效原则下双人间和四人间居多，其最小使用面积分别为25m²、35m²，单人间最小使用面积为17.5m²（均不含阳台）；房间净高不宜低于2.6m，短边净尺寸不宜小于3.2m
	布局形态（单元&室内）	1. 单元中：不应与电梯井道、有噪声振动设备机房及公共浴室贴邻布置； 2. 室内：保证视线流通、洁污分区、干湿分离；电视布置注意避免眩光影响
	功能设置	1. 入口门厅设更衣、换鞋、储物空间； 2. 卫浴含盥洗和如厕，介助居室可设淋浴； 3. 储藏区遵循就近和专用原则，利用入口处、阳台端部、坐便器旁、房门背后、走道一侧小凹室等； 4. 阳台宜作为紧急避难通道，宜设便于老人使用的晾衣装置和花台； 5. 鼓励老年人集体用餐

续表

性能	性能细项	设计要点
空间使用性能	装饰装修	1. 宜采用一次到位的设计方式； 2. 卫浴地面采用防滑、平整、易清洗、不渗水材料，阳台地面应防水防滑，其他部分宜采用耐磨木地板或有弹性的塑胶板； 3. 墙面应采用耐碰撞、易擦拭、暖色调材料； 4. 各床间设隐私帘等隔断； 5. 居室门应向外开启或为推拉门，采用平开门时，门上宜设置探视窗，卫生间门应设透光窗及从外部可开启的装置，失智老人房间门应采用明显颜色或图案进行标识
空间移动性能	移动尺度	1. 考虑轮椅回转和救护车进出空间，回转直径不小于1.50m； 2. 户内过道通行净宽不小于0.8m； 3. 床边应留有护理照料和急救空间，其净宽不小于0.8m； 4. 卫生间应留有助浴、助厕等操作空间
空间移动性能	相关设备	1. 辅助移动工具有轮椅、四角拐杖、助行器等； 2. 过道主要地方及换鞋、淋浴、便器、洗面台旁应设扶手
空间移动性能	安全措施	1. 设防滑扶手； 2. 采用防滑地面； 3. 户门内外及室内不宜有高差、有门槛时高度不应大于20mm并以坡面调节； 4. 通道墙面阳角宜做成圆角或切角，下部宜作0.35m高防撞板； 5. 失智老人居室外窗可开启范围内应采取防护措施
设备使用性能	建筑设备	1. 电气照明：门厅应有照明，顶灯与床头灯宜采用两点控制开关，卫浴可采用延时开关，过道宜设脚灯，盥洗台设局部照明； 2. 给水排水：宜采用集中热水供应系统，选用节水型低噪声卫生洁具和给排水配件管材； 3. 采暖空调：严寒、寒冷地区应设集中采暖系统，散热器宜暗装，宜采用地板辐射采暖，夏热冬冷地区宜设集中采暖和空调降温设备，冷风不宜直接吹向人体，浴室应设加热器； 4. 通风：卫浴应设排气通风道，安装具备防回流功能的机械排风装置
设备使用性能	安防设备	1. 床头、卫浴应设紧急呼救装置，信号直接送至护理站值班室； 2. 入口处宜设可视对讲机； 3. 宜设视频安防监控系统和生活节奏异常感应装置
设备使用性能	医护设备	1. 设护理智能化系统； 2. 介护居室设护理床、供氧系统等
设备使用性能	相关辅/器具	1. 淋浴间设浴凳； 2. 入口处设换鞋坐凳、挂衣钩、宜设穿衣镜； 3. 阳台宜设升降式晾衣架，可设侧边晾衣杆； 4. 按需配置带有用餐桌板的护理床或活动式餐桌
物理环境性能	声（噪声）	噪声级昼间不应大于50dB，夜间不大于40dB，撞击声不大于75dB，分户墙、楼板空气声计权隔声量应大于或等于45dB，楼板计权标准撞击声压级应小于或等于75dB，宜采用岩棉等吸声材料
物理环境性能	光（采光、照明）	1. 宜向阳布置，日照充足，冬至日满窗日照不宜小于2h，窗地面积比1:6； 2. 居住区照度值为200lx，卫生间为150lx
物理环境性能	热（节能、采暖空调）	采取冬季保温和夏季隔热及节能措施，朝西外窗宜采取有效遮阳措施，室内冬季供暖计算温度不应低于20℃
物理环境性能	风（通风）	卫浴可采用机械通风，门下应设有效开口面积大于0.02m² 的固定百叶或不小于30mm缝隙，卧室应采用自然通风

（来源：参照国内相关规范和标准，由笔者梳理绘制而成）

布局图示：在全面了解并整理设计要点的基础上，运用图示语言进一步深入地表达居室空间整体及局部的布局形态，旨在为今后适老化设施的建设提供更为直观和多样化的参考依据。下面分别以不同的卫浴位置和入住人数为基础进行菜单化设计。

（1）按卫浴位置：卫浴的布局涉及相关管道设施的配置，也影响室内空间的视线流通和采光通风等，下面选取几种常见的布局模式，对其空间形态及优缺点进行整合与归纳，见表6-5所列。

（2）按入住人数：以贴邻内墙设置的卫浴布置模式为例，进行单人间、双人间和四人间的整体设计，见表6-6所列。当居室为介护老人使用时，为了提高医疗护理服务效率，宜以四人及以上房间为主，配合部分两人间；介助居室则可以单人间和双人间为主，在保证基本生活照料的基础上提供更多个人活动场所。

不同类型卫浴布置模式的比较分析 表6-5

类型		示例	优点	缺点
贴邻内墙	房内设置	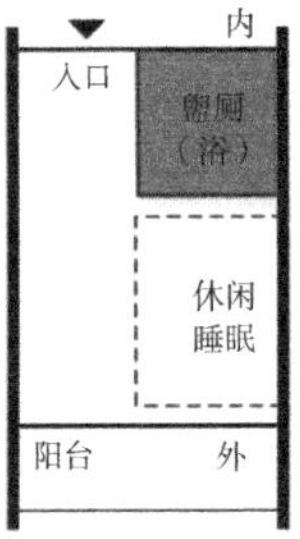 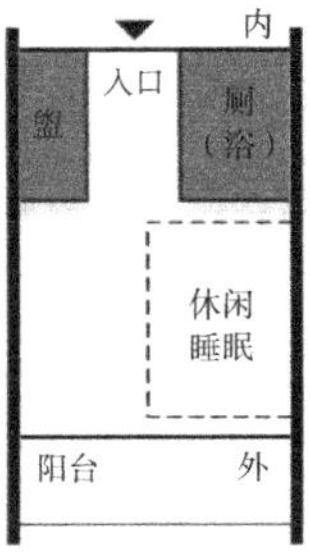 盥厕集中　盥厕分离	外墙面完整，有较好的采光和景观视线，私密性较好，应用最为广泛	卫浴采光较差，需人工照明和机械通风，从内走廊看室内部分视线遮挡
	房外设置	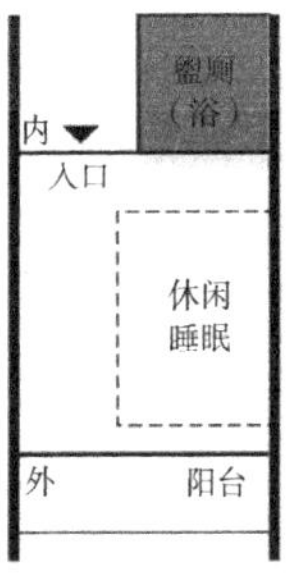 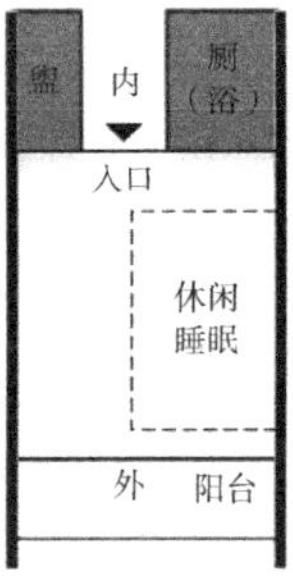 盥厕集中　盥厕分离	除上述优点外，卫浴设置在外，提高了其使用率，室内空间完整	除上述缺点外，不便于室内老年人使用是一大缺陷
贴邻外墙	房内设置	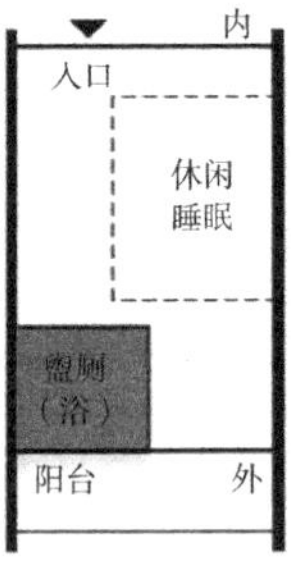 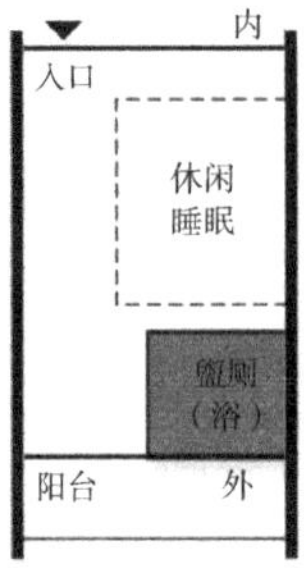 与入口同侧　与入口不同侧	内墙面完整，便于观察室内，卫浴采光、通风良好	入口完全敞开，私密性较差；靠外墙设置，室内采光较差，影响视线流通

续表

类型		示例	优点	缺点
贴邻外墙	房外设置	与入口同侧 / 与入口不同侧 （休闲睡眠 / 盥厕(浴) / 阳台 内、外、入口）	除上述优点外，在房外设置即保证了室内空间的完整性	除上述缺点外，占用阳台空间，影响其功能布局及使用效率
设在中部（相邻居室合并时）		（休闲、盥厕(浴)、睡眠、阳台 内、外、入口）	相邻居室合并，卫浴共用，节省了占地，提高了使用效率	卫浴采光、通风较差，老人同时使用会有干扰、私密性较差

居室空间设计示例（按入住人数）　　　　表 6-6

类型	示例
单人间	舒适型 / 功能型

舒适型 标注：20 盥洗池、19 污洗池、18 地垫、17 浴凳、16 可移动扶手、14 紧急呼救、15 居家床、14 紧急呼救、13 洗衣机、12 可升降晾衣架、11 洗涤池、1 置物台、2 挂衣钩、3 鞋柜&换鞋凳、4 扶手、5 备餐台、6 冰箱、7 储物、8 电视、9 窗帘、10 花台；入口、门厅、卫浴、备餐、会客、就寝、洗衣、阳台

功能型 标注：22 扶手、21 盥洗池、20 坐凳、19 地垫、18 浴帘、17 浴凳、14 紧急呼救、16 坐台、15 居家大床、14 紧急呼救、13 书桌、12 可升降晾衣架、8 储物、11 污洗池、1 置物台、2 鞋柜&换鞋凳、3 扶手、4 挂衣钩、5 折叠轮椅存放、6 衣柜、7 电视、8 储物、9 窗帘、10 花台；入口、门厅、卫浴、会客、就寝、阳台

续表

类型	示例
双人间	 介助型　　　　　　　介护型
四人间	 独立型　　　　　　　合并型

6.3.2　护理站

设计要点：本研究的护理站并非医院中的护士站概念，两者功能、布局均有所差异。护理站是适老照护单元的灵魂，不仅为老年人提供医护处置服务，也为其搭建交流互动的平台,即高效率与高情感的有机结合,概括其基本功能需求如图6-38所示。该空间以开敞型为宜,有利于老年人与医护人员的交流,打破以往局促、压抑的封闭感,在视觉上形成良好的导向和标识,同时也加强了对老年人的监护和管理。考虑信息管理、病案整理等工作逐渐转向无纸化办公,护理站面积需适当加大。总体来说,应当保证工作

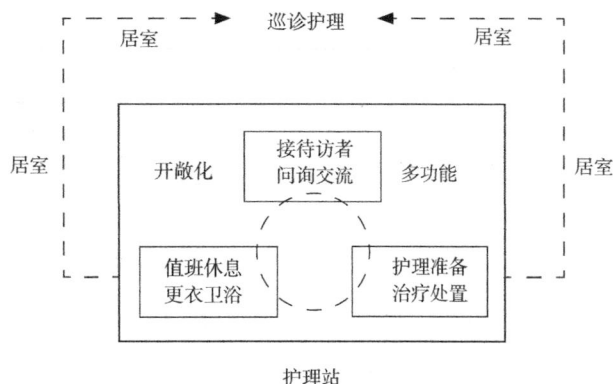

图6-38 护理站基本功能模式

人员有良好视野、争取与电梯厅的视线联系以及到达各居室适宜的服务半径。整合其设计要点,见表6-7所列。

护理站空间设计要点 表6-7

性能	性能细项	设计要点
空间使用性能	规模尺度	日本相关规范为2.5m²/人(含配套服务空间),可供参考,我国目前无明确指标,可根据所需要设备的品种和数量及服务规模安排设计
	布局形态	1. 位置应明显易找,目前多为两种,即靠近交通核的入口型和位于中心部位的居中型,以视线可看到老人候梯厅和走廊,邻近公共交往空间,尽量缩短护理流线为宜,至最远居室距离应控制在30m以内; 2. 其布局形态以岛式居多,空间以开敞型为宜; 3. 考虑护理需求的提升,设计时可在拐角或走廊中预留一些空间,为将来增设护理站提供条件; 4. 可与公共交往、公用厨房等空间融合布局
	功能设置	1. 问询接待、值班休息、护理准备(配药备车,准备敷料、器械等)及简单治疗处置,附设独立卫浴; 2. 应有充足的储藏空间与科学的分类存放方式
	装饰装修	应注意标识系统的设计,使其具有一定导向性;护理台/治疗台等设施应考虑轮椅老人使用的适宜性;处置室应采用牢固、耐用、难沾污、易清洗材料
空间移动性能	移动尺度	治疗区需考虑轮椅和推床的通行,轮椅回转直径1.5m
	相关设备	推床、轮椅等
	安全措施	地面、墙面等应有防护措施,参考居室处理方式
设备使用性能	建筑设备	1. 电气照明:需针对不同使用功能设置相应的照明系统,注意提高其环境照度,并有多路开关控制,注意避免眩光的产生; 2. 设空调、照明等设备的控制终端; 3. 通信联络设备
	安防设备	与各居室、交往空间、公共浴室等区域相连的紧急呼叫终端设备,综合考虑设备位置的使用便利性、隐蔽性
	医护设备	包括常用的医疗器械,如治疗车、血压计、听诊器、体温表等,以及污物处理设备
	相关辅/器具	计算机、病历架、医疗器械存放柜、洗手池、医用冰箱等

续表

性能	性能细项	设计要点
物理环境性能	声（噪声）	值班休息、治疗区允许噪声不超过 50dB
	光（采光、照明）	推荐照度不宜小于 200lx；岛式布局下，问询接待区以间接采光为主，辅以人工照明；治疗区窗地比 1/6
	热（节能、采暖空调）	室内冬季供暖计算温度不应低于 18℃
	风（通风）	应有良好通风，自然通风与机械通风相结合

（来源：参照国内相关规范和标准，由笔者梳理绘制而成）

布局图示：按照护理站的功能配置大致分为基本型和融合型，前者是根据设计要点，将服务台与办公区结合设置为开敞型，后者是与公共交往、公用厨房等空间复合建设。可结合现状条件和服务需求选择适宜的模式，概括其布局形态见表 6-8 所列。

护理站空间设计示例　　表 6–8

<table>
<tr><th>类型</th><th colspan="2">示例</th></tr>
<tr><td>基本型</td><td colspan="2">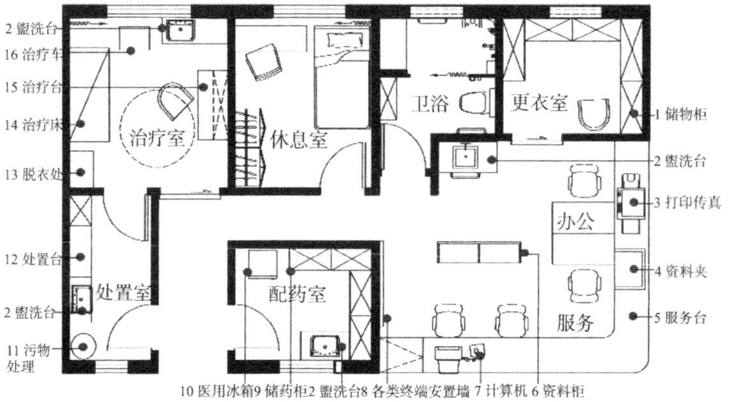
</td></tr>
<tr><td>融合型</td><td>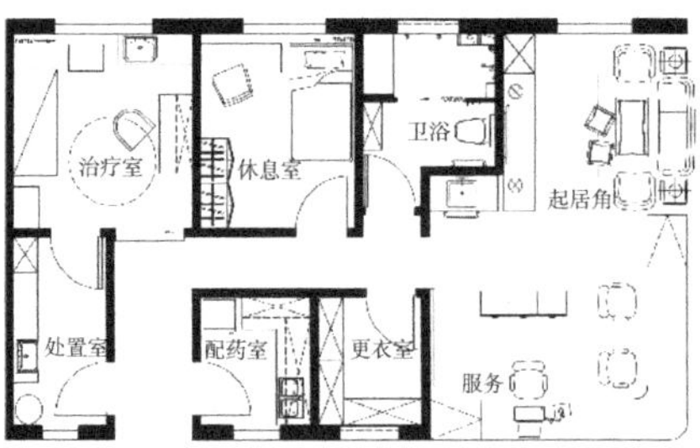

与公共交往</td><td>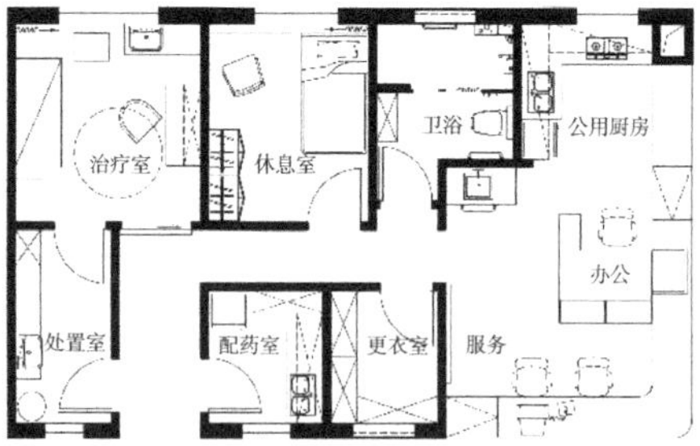

与公用厨房</td></tr>
</table>

6.3.3 交往空间

设计要点：老年人更需要接触社会，扩充人际交往以提升其归属感和认同感，多参与娱乐活动，积极进行康复性措施，缓解其孤独感和焦虑感。故设计中应积极创造老年人与外界接触和探访者交流的场所，诸如在照护单元中设置驻留休憩的空间，安置舒适的座椅等以支持相关行为。这需要进行合理的动静分区，结合楼层中的公共空间布置供老年人用餐、会客、聊天、文娱等行为的开放式交往场所，既要符合无障碍设计规范要求利于轮椅的通行，消除可能的移动障碍，也应保证与护理站视线的通达和多功能空间的高效使用。下面将分类概括各设计要点，见表6-9所列。

交往空间设计要点   表6-9

性能	性能细项	设计要点
空间使用性能	规模尺度	参考日本特别养护老年人设施的规范规定，面积不宜小于2m²/人，考虑我国经济发展状况，其指标可酌情降低
	布局形态	1. 平面及空间形式适合老年人活动，并满足多功能使用要求，宜邻近公共卫生间，与护理站有视线联系； 2. 空间宜开敞，与交通空间相连； 3. 桌椅布置形式应相对灵活，可分可合，分开便于护理员喂食，合并则利于围坐交流
	功能设置	包括用餐、谈话、休闲娱乐（看电视、下棋、读书看报等）
	装饰装修	墙面和顶棚应做吸声处理；配备一些绿色植物、装饰画、照片墙等创造居家氛围；家具形式与布局应具有适用性和灵活性
空间移动性能	移动尺度	考虑轮椅回转尺度以及主要家具、家电的搬运空间
	相关设备	设置可移动桌椅/沙发；为老年人移动服务的轮椅和扶手
	安全措施	在老年人活动的区域设安全扶手；地面应平整、防滑，墙面阳角宜做成圆角或切角；在家具、家电的选取与布置上避免安全隐患
设备使用性能	建筑设备	宜设置备用照明，采用自动控制装置
	安防设备	应设安全监控设施和紧急呼救装置
	医护设备	无
	相关辅/器具	可酌情配置餐桌椅（适量可供轮椅使用的凹入式餐桌）/沙发、电视柜、储物柜/架、展示柜、报刊架、娱乐设施（电视机、投影仪、播放设备）等
物理环境性能	声（噪声）	无
	光（采光、照明）	应有良好的天然采光，光线充足，窗地面积比宜为1:4，朝向良好；区域照度值不应小于200lx，推荐值为300lx
	热（节能、采暖空调）	东西向开窗应采取有效遮阳措施；室内冬季供暖计算温度不应低于20℃，保持良好的温湿度
	风（通风）	应有良好的自然通风

（来源：参照国内相关规范和标准，由笔者梳理绘制而成）

布局图示：在交往空间的布局中，常将其与护理站或公用厨房贴邻建设，以加强对老年人的看护管理或空间使用的连贯性，后者的布局也应考虑与护理站的视线联系。各空间形态及家具、设备的布置见表6-10所列。

交往空间设计示例　　　　　　　　　　　　　　　　表6-10

6.3.4　交通空间

设计要点：走廊是联系各功能空间的交通纽带，是使用最频繁的公共空间之一，其设计好坏影响到服务人员、老年人及其家属的各自行为效率。候梯厅（楼、电梯前室）是联系适老照护单元竖向交通的过渡空间，而电梯和楼梯作为垂直交通的重要组成部分，对于老年人及医护人员的快速、便捷的疏散与导向起着关键作用。在进行该区域的布局设计时，应以老年人的行为特点和需求为核心，创造无障碍的、舒适的、便捷的、富有人性化和归属感的空间环境，同时兼顾合理的服务效率及流线组织。总结各设计要点，见表6-11所列。

交通空间设计要点　　　　　　　　　　　　　　　　表6-11

性能	性能细项	设计要点
空间使用性能	规模尺度	普通电梯轿厢尺寸须能满足轮椅乘坐要求，其尺寸宜为1.4m（深）×1.6m（宽），井道尺寸为2.2m×2.2m；医用电梯即满足运送急救担架的需求，轿厢尺寸为1.6m×2.4m，井道尺寸为2.4m×3.0m；走廊宜简短、直接，宽度适宜
	布局形态	电梯不得与居室贴邻布置；楼梯、电梯布局应符合防火疏散和功能分区
	功能设置	含走廊、电梯和楼梯，保证易达性、安全性和方向性；电梯无障碍，且至少一台为医用电梯；走廊与电梯口宜设休憩设施，并留有轮椅停靠空间；楼梯兼疏散和通行，不应采用螺旋楼梯、不宜采用直跑楼梯
	装饰装修	1. 电梯轿厢后壁设镜子，轿门宜设窥视窗，各种按钮和位置指示器数字应明显且位置适当，内壁设防撞板，宜配置轿厢报站钟，呼救按钮颜色区别于周围墙壁颜色； 2. 走廊墙面及凹口、入户门口宜设导向标识，如插画、雕塑等，设置配电箱、消火栓等设施应保证走道有效宽度，以凹入墙面的暗装做法较佳；地面不应使用抛光石材，应便于清扫、耐污、耐磨且不易松动

续表

性能	性能细项	设计要点
空间移动性能	移动尺度	1. 公用走廊建议宽度为 1.8 ~ 2.4m，仅供一辆轮椅通过的走廊有效宽度不应小于 1.2m，并在走廊两端设不小于 1.5m × 1.5m 的轮椅回转面积； 2. 可适当降低踏步高度，增加梯段宽度，平台净宽不得小于 1.2m，每段楼梯高度不宜高于 1.5m； 3. 候梯厅深度不应小于 1.6m，2 ~ 2.4m 为宜，轿厢门前空间应开敞、安定
	相关设备	1. 沿走廊两侧设连贯扶手，单层高度为 0.8 ~ 0.85m，双层分别为 0.65m 和 0.9m；楼梯应设双侧扶手，连贯且与走廊扶手相连；轿厢内两侧壁安装扶手； 2. 急救担架、轮椅等
	安全措施	1. 设安全疏散指示标识； 2. 走廊转弯处墙面阳角宜做成圆弧或切角并做加固、防撞处理，地面选材应平整、防滑、有缓冲，有高差时设坡道及明显标志； 3. 楼梯踏面前缘宜设异色防滑警示条，其凸出高度和挑出距离分别为 3mm 和 10mm，踏步起终点应有局部照明，扶手起端应做延伸处理； 4. 电梯入口处宜设提示盲道
设备使用性能	建筑设备	1. 电气照明：避免照度不够和眩光的产生，走道墙面距地面处宜设嵌装脚灯以提高夜间照度，走廊与电梯天花光源宜用柔和反射光和漫射光来照明，走道、楼梯和电梯均采用节能控制措施并设应急照明；楼梯光源应采用多灯形式，充足且均匀，踏步及休息平台设低位照明，脚灯为宜。 2. 通风：电梯内设通风换气装置
	安防设备	电梯内报警装置应安装在轿厢侧壁易于识别和触及处，宜横向布置，宜配置对讲机或电话；走廊、电梯厅、轿厢内、楼梯间应设安全监控设施
	医护设备	无
	相关辅具	走廊、电梯口宜设休憩座椅；各种疏散和导向标识
物理环境性能	声（噪声）	电梯运行中轿厢内最大噪声值不应大于 55dB，机房内平均噪声值不应大于 80dB（额定速度 ≤ 2.5m/s）
	光（采光、照明）	走廊照度值宜为 100 ~ 150lx，夜间休息其值应适当降低，建议尽端设大窗改善其采光；候梯厅应宽敞明亮；楼梯间窗地比不宜小于 1 : 10
	热（采暖空调）	走廊采暖计算温度不应低于 18℃，楼梯间不应低于 16℃
	风（通风）	候梯厅、楼梯间宜有良好的自然通风；电梯内机械通风

（来源：参照国内相关规范和标准，由笔者梳理绘制而成）

布局图示：针对交通空间的构成即走廊、楼梯和电梯（包括普通电梯和医用电梯），结合实地调查与访谈，以及相关标准规范的整合，以安全性、舒适性和便捷性为指导原则，运用图示语言对其空间形态及其细部处理进行分类描述，旨在为今后的建筑设计提供一定的参考依据，具体见表 6-12 所列。

交通空间设计示例 表 6-12

类型	示例
走廊	
楼梯	
普通电梯	
医用电梯	

6.3.5 公共厨房

设计要点：该空间不同于独立居室中的厨房，与核心养护区设置的服务于整个适老化设施的厨房也有所差异，它是为该楼层老年人及其家属提供简单备餐、促进互动交流的半公共区域。设计中应综合考虑不同身体状况老年人的行为需求和操作流线，以安全性、便捷性、舒适性和灵活性为准则，布局合理的空间形态、规模尺度、相关设备以及整体环境。其规模介于两类厨房之间，环境倾向于更温馨舒适的居家氛围，在不同布局模式下其形态可开敞可封闭，是照护单元中相对机动灵活的模块。整合并归纳其设计要点，如表 6-13 所示。

布局图示：根据厨房内操作台的布置形式，大致分为单列式、双列式、L 字形、U 字形和岛式，其中单列式适用于面宽狭小、操作台狭长形厨房，空间利用率低，双列式中洗涤池与灶台相对布置，转身过多操作不畅，和单列式均不利于轮椅老人操作使用。以下将选取 L 字形、U 字形和岛式三种适用于轮椅老人操作和通行的布局模式，对其形态及优缺点进行图文表达，见表 6-14 所列。

公用厨房设计要点　　　　　　　　　　　　　　　　　表 6-13

性能	性能细项	设计要点
空间使用性能	规模尺度	参考《老年人居住建筑设计标准》最小面积为 6 ~ 8m²，考虑轮椅老人的使用，其指标宜适当增加；房间最小净尺寸为 2.4m×2.4m
	布局形态	1. 单元中：宜与公共交往、护理站等空间邻近或融合布置； 2. 室内：便于食物的加工分配和餐具的洗涤存放，留出一定长度的台面，满足备餐、分餐需求，流线顺畅；以 U 字形和 L 字形较佳
	功能设置	含烹饪、洗涤、储物（存放常用及备用食材、烹饪器具等）和提供开水处，应有餐车停放空间，可根据现状条件按需设置用餐或备餐空间
	装饰装修	1. 操作台面长且连续，高度宜为 0.8 ~ 0.85m，宽度宜为 0.60 ~ 0.65m，台下净空高度不宜小于 0.65m，其进深不小于 0.35m；洗涤池、灶台下部柜体宜留空或向里凹进。 2. 设置吊柜（高 1.6m，深 0.3 ~ 0.35m）、中部柜（高 1.2 ~ 1.6m，深 0.2 ~ 0.25m）和地柜便于不同老年人使用（站立和轮椅），地柜下部可抬高 0.3m；可采用带轱辘活动小车补充储藏量。 3. 地面应保持干燥不油腻，采用清扫方便的防滑地砖；墙面材质应耐油污、易擦拭、炉灶周边的墙面和柜体应注意防火、防燃、防油；墙壁、吊顶宜使用隔声材料
空间移动性能	移动尺度	根据不同需求至少保证一人转身操作、两人错位通行或轮椅通行、旋转的宽度；轮椅回转面积不宜小于 1.5m×1.5m
	相关设备	为老年人移动服务的扶手和轮椅；具有储藏功能的小轮车和下拉式活动吊柜；备餐和用餐需要的餐车、可抽拉小餐台；老年人购物车等
	安全措施	采用防滑地面；洗涤池和炉灶前设安全扶手；在家具、设备的选取与布置上避免安全隐患
设备使用性能	建筑设备	电气照明：操作台、洗涤池宜设局部照明，对应用电器具位置设置插座
	安防设备	采用熄火自动关闭燃气装置和燃气泄漏报警器
	医护设备	无
	相关辅/器具	内设电加热保温餐车、储物柜、灶台、燃气热水器、冰箱、微波炉、垃圾桶等

续表

性能	性能细项	设计要点
物理环境性能	声（噪声）	无
	光（采光、照明）	具备良好的天然采光（尤以洗涤池附近），窗地比1：7，窗的有效开启面积不小于0.6m²；照度均匀且稳定，尽可能限制眩光和减弱阴影，适宜照度值范围为125～250lx
	热（采暖空调）	室内冬季供暖计算温度不应低于18℃
	风（通风）	应采用自然通风并设机械排风装置，其门下部应设有效开口面积大于0.02m²的固定百叶或不小于30mm缝隙

（来源：参照国内相关规范和标准，由笔者梳理绘制而成）

厨房空间设计示例　　　　　　　　　　　　　　　表6-14

类型	示例	优点	缺点
L字形	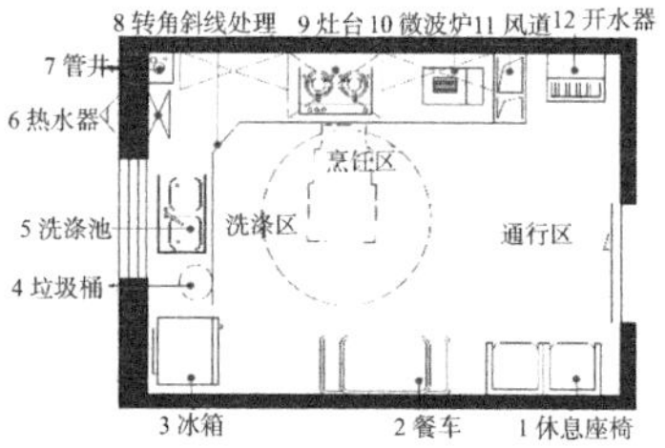	操作台面较多，洗涤池与灶台布置在转角两侧，便于老人操作	转角处柜体不宜利用，储藏率降低；转角台面需做斜面处理
U字形	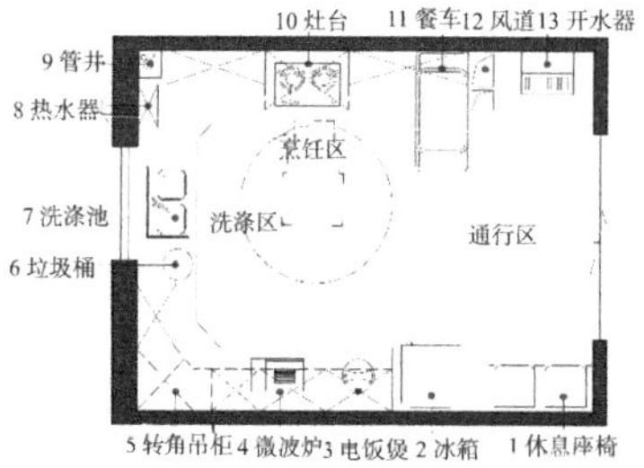	操作面长且连续，储藏空间充足	三面布置橱柜，不宜设置阳台
岛式	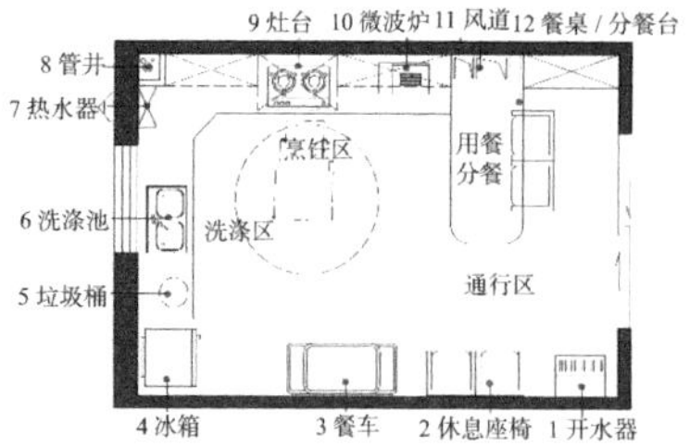	岛式台面功能灵活，可作为操作台或餐台	占用空间相对较大

6.3.6　公共沐浴间

设计要点：考虑到一些老年人注重隐私以及自主生活的愿望，在部分居室内设有洗浴处，但老人独立洗浴存在一定的安全隐患。因此，在介助区每层设置规模适中的公共沐浴间供有一定自理能力的老年人使用，从而改善浴室的利用率，提高安全性并促进老年人互动交流。另外，将同为推动老人交往、对设备和环境需求类似的自助洗衣房与此空间合并建设，可进一步提升区域空间的使用率，集中布置管道也可节约空间、降低成本。公共沐浴间的设计应以老年人的隐私性、安全性和高效性为原则，以老年人洗浴时的动作流程和护理人员的助浴行为为基础，重视安全防护、采光、通风与保温，考虑轮椅、需护理老人的特殊需求并节约工作人员的劳动力等。以下将分类并总结各设计要点，见表 6-15 所列。

公共沐浴间设计要点 表 6-15

性能	性能细项	设计要点
空间使用性能	规模尺度	参考《老年人居住建筑设计标准》，浴位宜按该层总床位的 10% 设置，其空间尺度适宜，避免过于空旷而使老年人在行走过程中无法扶靠，也防止空间过于局促给护理人员助浴带来困难；公用洗衣房 15~20m²，可酌情降低
空间使用性能	布局形态	1. 单元内：一般与其他服务用房相邻设置，并与老人居室有方便联系。 2. 室内：干湿区域之间需设过渡区即干身区，洗浴区应尽量使老年人通行空间形成条状，卫生间应邻近更衣和洗浴区
	功能设置	含前室（条件受限时可通过加设软帘等方式阻隔外部视线）、更衣区、洗浴区、干身区和无障碍厕位，附设公用洗衣房
	装饰装修	1. 地面应采用平整、牢固、耐用、难玷污、易清洗的防渗防滑材料； 2. 卫生洁具的选用及安装便于老年人使用，如坐便器高度、适合轮椅坐姿的洗面台及其高度，兼顾坐姿与站姿的淋浴器、置物台面高度
空间移动性能	移动尺度	应留有助浴空间、轮椅通行空间（1.5m×1.5m）以及突发状况下的紧急救助空间（便于担架进出）
	相关设备	1. 便器、洗面台、洗浴区、更衣区应设扶手，配合高度适宜、可供扶靠的家具，达到一物多用的目的； 2. 供老年人移动的轮椅和担架
	安全措施	1. 设防滑扶手； 2. 采用防滑地面（止滑垫、止滑条）； 3. 在干湿过渡区设条形笆子、地垫等去除水
设备使用性能	建筑设备	1. 供暖：安装加热器等取暖设备、设置暖风机； 2. 通风：设排风扇或在窗扇上设置动力通风器来促进空气循环，保证通风换气需求
	安防设备	安设紧急呼救装置
	医护设备	无
	相关辅具	1. 洗浴区设高 0.45m 的浴凳、淋浴器； 2. 在过渡区（干身区）的盥洗台处设坐凳、垃圾桶、地垫； 3. 更衣区设坐凳，条件允许时设休息床位； 4. 公用洗衣房设自助洗衣机和休息座椅

续表

性能	性能细项	设计要点
物理环境性能	声（噪声）	无
	光（采光、照明）	洗浴区可采用高窗或凸窗获取自然光源，窗地比不应小于1:9；室内照度较一般浴室高，但应防止亮度对比过大及直接照射眼部
	热（采暖空调）	室内冬季供暖计算温度不应低于25℃
	风（通风）	合理安排自然通风流线及排风、排气装置，以排除湿气，防止细菌滋生，洗浴时保持室内空气更新

（来源：参照国内相关规范和标准，由笔者梳理绘制而成）

布局图示：根据老年人洗浴的行为流程，即前室→更衣→洗浴→干身→穿衣（休息）→离开，进行空间的布局及相关设备的布置，如图6-39所示。

图6-39 公共沐浴间平面布置示意

7 未来展望

高龄化与失能化语境下城市社区适老化设施营建体系与策略的启示：百善孝为先。受儒家孝道文化的影响，中国几千年以来的养老问题，一直都由家庭单位直接承担。然而，现代化发展打破了这一传统。在家庭养老功能逐步弱化、老年人更强调生活质量、关注医疗护理的影响下，老龄化社会迅速到来，人们还未做好充分的思想准备，社会养老问题日益严峻。这就要化危机为转机，重新树立正确的养老观，理性看待社会化养老的服务模式和运营方式，建立、健全社会化养老服务体系。该体系强调养老功能从家庭向社会的部分转移，是社会、家庭、老年人以及政府在养老问题上的一种分工和契约。

养老服务体系的核心是"老年人"。随着年龄的增长，其生活自理能力逐步衰退，对医疗护理的需求不断增加。面对这些变化和需求，以及老年人就医困难、"医""养"严重脱离的现状，医养融合型服务机构呼之欲出。目前，社会上已出现具有医养结合雏形形态特征的养老设施。但社会资本涉足养老服务业，面临投入成本大、回报周期长、风险大等诸多问题，使得这类设施的性质、权责以及市场定位尚不能明确界定，导致对于"医养"理念的把握不足，其各个层面体系、空间结构应对模型尚未明确，难以形成整体化的体系，以快速有效地解决当前极为迫切的养老问题。因此，急需从理论上构建"医养"概念，形成自上而下的理论框架和运行机制，与自下而上的操作模型和设计方法接轨、融合，系统地指导具体的营建与设计。纵观长期以来我国养老设施的建设与发展，其过程并非线性的积累与深化，而是在不同专业学科交叉梳理的过程中不断推进。

基于医养有效融合的研究，从宏观政策、中观规划和微观建筑三个层面为社区养老服务体系的构建提供了框架与依据。同时，以建筑学、规划学和园林景观等学科为基础，结合人居环境学、社会学、老年学等相关理论的核心思想，通过梳理医养融合的结构层级与发展脉络，对养老服务政策和实施细则、社区适老化设施选址布局与环境建设以及设施的空间构成与布局形态等做出详尽解析，提出相应的模式菜单和技术集成，以期对当前社区养老设施的开发、规划与设计产生一定的现实指导意义。

面对我国城市养老建设面临的理念认识不清、服务供给不足、政策统筹不够等问题，本书力图以一种开放动态、复合多元的方式，提炼出适老化设施营建过程中的模式特征及设计方法。对于老年人来说，若在健康状况和所需护理层级发生变化时，不需搬离原本熟悉的生活环境、摒弃长时间建立起来的邻里关系，则更有益于老年人的身心健康和晚年生活。因此，本书基于医养理念，旨在建立以城市社区为载体，以加强社区整体养老能力为目标，丰富并深化"传统养老设施"内涵，实现从"孤岛"到"暖巢"转变的无迁移养老体系。

7.1 系统，从封闭到开源

在人口老龄化进程加快并深度发展的大背景下，高龄化和失能化趋势显著，而"421"倒金字塔家庭结构的大量出现，又衍生出家庭空巢化、小型化等现实问题。老年人口严重的"四化叠加"现象，对传统养老方式提出了巨大挑战。单纯的家庭养老模式已难以满足持续增长的养老需求，必须推进社会化养老，支撑、完善养老保障体系。但考虑到社会养老服务供给不足、相关资源配置不均、经济发展水平有限以及传统孝道文化深入人心等国情，在我国实行完全社会化养老也是不切实际的。这就需要发展多元养老模式，发挥各自优势和潜能，在原有基础平台上加以优化和调整。与外界进行物质与能量的交流，是所有生命体得以生存和发展的源源动力。建筑，作为承载人们生活的物质载体，自然也不例外。然而，纵观传统养老设施的营建模式，其选址大多位于远离老年人原有生活场所的陌生环境，且基本都属于围绕设施展开各项服务的封闭单元。由此引发的"围城效应"，将老年人禁锢于钢筋水泥之中，隔绝了其与外界环境的交流，也阻碍了志愿者等社会支持力量的参与和帮助。这种看似"保护"的做法实为束缚，不利于老年人身心健康，也会影响设施的良性发展。因此，需要转换传统的建设思想，将适老化设施视为社会开放系统中的有机一环，整体规划、智慧应对。

社区，是最贴近老年人生活的场所，也更能了解老年人的身心状况和内在需求。若以社区为载体，建设养老设施，则可依托社区内各个机构和紧密互动的人际网络资源，充分发挥社区的组织管理职能和社会影响力，推进社区助老事业的发展。如此一来，老年人不仅可以在自己熟悉的生活环境和生活方式下得到照顾和关爱，而且也有助于激发居民的互助和参与精神，提升社区的归属感和凝聚力，形成多方共赢的发展态势。综上所述，在社区中营建适老化设施，是符合我国国情、满足养老需求、解决当前养老问题的最有效途径。从利于老年人身心健康，弥补资源欠缺，提升社区整体养老能力的角度出发，设施建设应打破传统的"围墙"枷锁，重点为设施内急需医护照顾的老年人提供服务，也为社区需要健康管理和医疗照护的居家老人提供上门服务及新技术支持。同时，鼓励原宅养老需要社区供给的老年人"走进来"，享受养老设施服务。如此，养老的人力、物力资源便可得到最大化利用，家庭床位也会大大补充设施特设床位的不足，使适老化设施在"输血"式的援助过程中，与居家养老进行资源整合、互惠互利，提升其"补血"功能（图 7-1）。此外，设施内的空间布局也应秉持适当开放、便于交流的设计原则，以人性化、精细化和多元化为目标，创造让老年人放心、舒心的居家氛围。

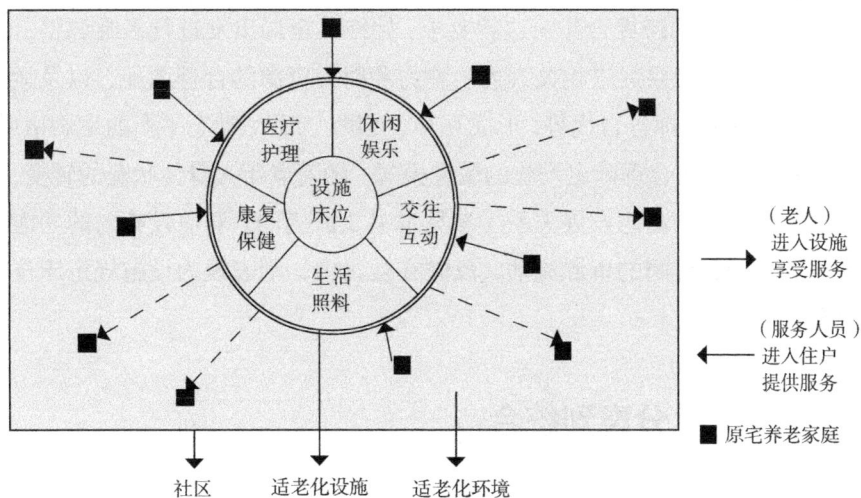

图7-1 开放式适老化设施的营建模式

7.2 发展，从静态到动态

　　传统养老设施，大多是在既定模式下静态发展或维持经营，用相对单一的服务模式容纳有养老需求的老年人，因而难以灵活应对市场供需的变化和老年人的多样需求。陷入困境时，多以牺牲老人利益或勉强维持经营为"解决方式"，是一种被动、不可持续的建设观念。而养老是一个错综复杂的系统性工程，目前又处在过渡转型的实践探索阶段，应当转变以往墨守成规的思想，用科学发展观的理念看待养老问题。而实现医养的有效结合，则需重新审视养老的建设目标和经营模式，努力寻求养老功能的再定位、再平衡，引入相关要素以保证其合理高效、持续稳定的发展。

　　建设目标的准确定位，直接关系到老人个体、相关部门或整个组织预期成果的实现。这就要求：秉持动态发展观，不断权衡，切忌循规蹈矩、墨守成规。同时，随着社区养老服务设施的品质提升、专业化介护人才队伍的发展壮大、高新技术的介入支持以及养老服务政策的落实推进，应对社区适老化设施的营建理念与目标作出相应调整，并根据养老事业的发展现状，提出近期→中期→远期不断深化的阶段性目标。对于现阶段来说，社区适老化设施主要应面向老年人全生命周期中数量庞大、矛盾突出，且最易被忽视的群体——夹心层老年人（参见本书1.2.4节）。然而，由于建设成本有限、资源配置不均等诸多问题，其服务范围尚未能覆盖所有援护及半援护期老年人，因而将其定位为以解决最迫切需要医护照料服务的介助、介护老人的医养需求为目标的照护机构，借助家庭空间环境弥补大量养老床位的不足。同时引入智能化养老服务的创新技术，以现代通信、智能呼叫与监护、互联网及电子商务为技术依托，实现资源的流动与共享，从而提升老年人的生活品质。

　　经营管理方面，涉及到开展医疗服务的卫生部、审批兼管理养老机构的民政部、人社

149

部和财政部四部门之间的跨界合作，这就要求：始终从全局出发进行多维调整，不可顾此失彼、单向植入。同时，要促进相关人力、物力和财力资源的合理调配，以及运营管理模式上的相互磨合，使其发挥各自优势，形成互补、互助、互融、动态平衡的发展格局。此外，还需以科学发展观的视角合理确定设施的服务模式。随着老年人身体状况的转变，"医""养"二者之间存在相互转换的动态发展关系（参见本书 3.1.3 节），对应设施内的功能布置即体现为介助床位和介护床位间的资源流动，反映在社区中，则表现为设施规定床位与家庭弹性床位的动态转换。

7.3　模式，从分离到统合

伴随社会化养老模式的发展，养老资源的配置问题日益凸显，不仅存在空间分布的差异性，不同资源之间还存在严重脱节的问题。从而导致设施经营成效不佳、老年人得不到急需服务、相关资源大量浪费的困境。对适老化设施及其周边环境进行整体性、复合化的规划布局，是城市不同区域层级、不同类型资源进行整合优化、带动区域发展的有效途径。另外，应当加强民政、卫生以及文化、娱乐等资源的整合，充分利用现有的社会资源，将分散的、自发的、潜在的养老资源变为聚集的、可调遣、可动员的资源。它们并不局限于老年人群体内部，位于老年人所在社区内外的社会组织团体等也拥有许多潜在的养老资源。例如，近些年出生率的降低和学校规模的扩张，导致出现了一批"多余"的幼儿园、小学等，可考虑将其改建为适老化设施，实现功能的置换与资源的整合；此外，还可鼓励部分利用率不高的一、二级医院或专科医院，依托其原有的医技资源转型为医护型养老设施。

医养融合，为养老产业的开发搭建了互为依托的利益平台，促进资源的优化整合，也带动了综合管理模式的发展。对于有一定规模的新建社区，宜采用医疗和养老机构合建的解决方式，由养老机构对内部设置的医疗机构的管理人员、医护人员及服务内容进行定期评估，并由第三方监管组织进行定期审查，同时配合相应的服务政策加以扶持或促进。例如，将符合医疗定点条件的内设医疗机构纳入定点范围，以增加医疗服务的动力，减轻入住老人的负担；针对医养设施内设医疗机构聘用持有专业证书技术人员的，实行"以奖代补"的激励政策。显然，医养结合并不只是一味鼓励两个机构的合并建设，对于有一定发展的既有社区，宜采用养老机构与医疗机构临近协作的模式，通过开展绿色通道、双向转诊、远程医疗等多种方式的合作，推进两大资源的良性循环。

7.4　布局，从集中到分层

中国医疗体系存在诸多不足，缺乏合理的层级就诊和分级治疗制度是现阶段的最大壁垒。综合大型医院聚集了顶尖的医疗卫生技术人才和现代化医疗设备，成为绝大多数老年人就医问诊的首选。从而造成这些医院人满为患、环境恶劣、效率低下等一系列问题。相比之下，一、二级医院和社区卫生服务站等基层医疗机构，由于资金短缺、设备及医护人员匮乏、政策支持力度不够等多方原因，无法吸引病患老人前往，导致大量医疗资源的闲置和浪费。这就带来了严重的两极分化，即所谓"马太效应"，形为分级，实为集中。

养老方面亦是如此。缺乏政策支持是民营养老机构难以为继的重大原因，面对选址落地难，投入成本大，回报期过长等一系列问题，使得大多数有意向的民间力量不得不望而却步。而老年人的消费方式相对保守，消费能力相对较低，进一步阻碍了社会养老服务市场的推进与发展。老年人即使有经济实力，也不愿花钱购买服务，只愿享受政府提供的免费服务。而政府为了满足大多数老年人最基本的养老需求，制造了大量社会养老服务产品，在家庭养老功能逐步弱化的形势下，也让老人子女对政府产生强烈依赖性。长此以往，政府陷入了无底限包揽、被动越位、但又成效欠佳、认可不高的"尴尬境地"。由于量大面广、资金有限，这些"政府制造"大多只是满足老年人基本养老需求的福利型机构，服务内容单一，设施条件略差，缺乏多元化和层级化的考量。

在资源调配方面，政府反而不如市场灵活有效，扶困济危也不如非政府组织细致入微，在许多方面，政府有它的局限性。因此，应当推进政府职能的转变，从"大包大揽"到"协同共治"，通过政策扶持吸引社会力量涉足养老服务产业，建立由政府、企业、社会组织和家庭构成的社会养老服务多元主体共担互补机制。就医院和养老机构的发展而言，应实行逐层推进式布局和管理，建立医疗分级就医网络和多层次社区养老服务网络，推进"大病进医院，小病进社区"的医疗改革，盘活城市的医疗资源，并充分发挥社区医疗的中转作用，由高层级医院帮扶、带动基层机构的发展。新医改中允许医师多点执业，则为补充基层力量提供了可能。养老方面，社区作为载体营建适老化设施之外，还应充分施展其组织性和媒介性优势，根据老年人多样化需求提供差异化服务，包括有偿服务、纯福利服务和互助志愿服务，为设施入住老人提供医养服务的同时，也为居家老人提供健康管理、康复指导等医疗服务和个人护理等日常照料服务。

附录A 专家调查问卷

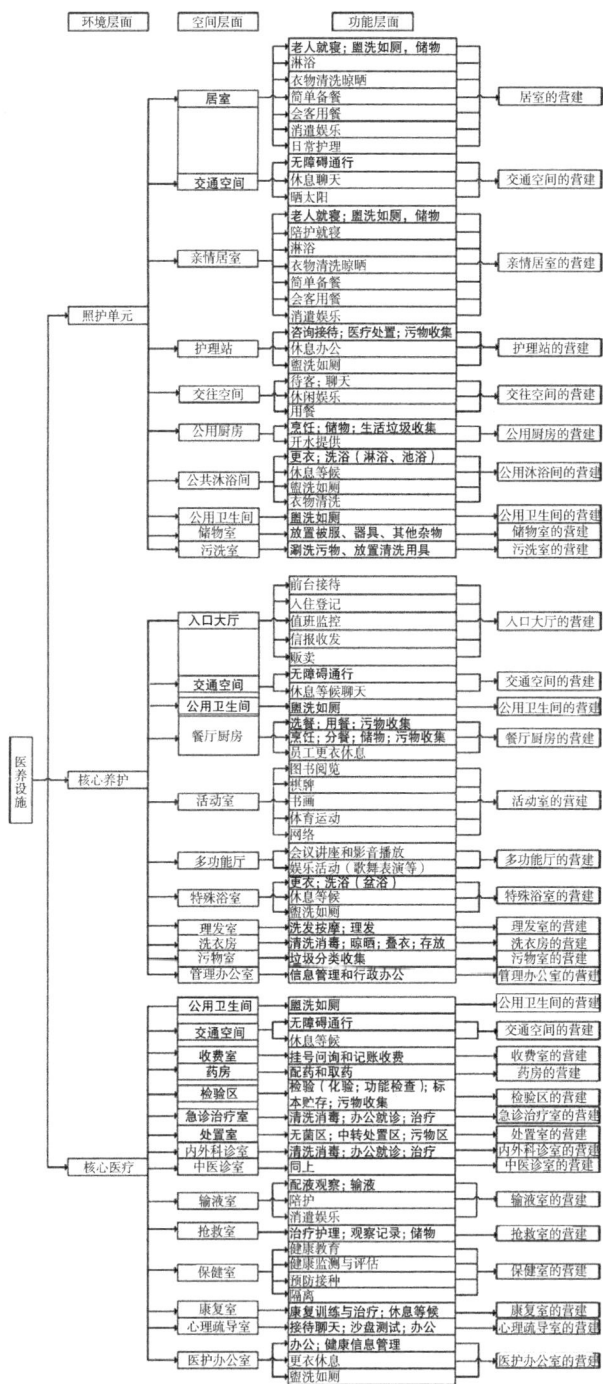

附图 城市社区医养设施营建体系层次模型

尊敬的先生 / 女士：

您好！

我是西安交通大学建筑系讲师，正在撰写《"医养结合"指向型城市社区养老居住设施营建体系与策略》一书。书中有部分内容需要以调查问卷的形式，搜集来自相关领域的专家数据！本次调查旨在针对部分及全面援护期的老年人，对医养融合背景下城市社区复合型养老居住设施的营建展开研究，涉及照护单元、核心养护、核心医疗的规划设计。作为相关领域的专家，您的宝贵意见将为本研究提供重要的参考。特邀请您参加本"专家问卷调查"①。

谢谢！

A.1　研究框架

本研究针对城市社区医养设施的环境层面、空间层面和功能层面，尝试构建医养体系营建的影响因素数据库。笔者在研究中构建了一个"医养设施营建体系"作为此次的调查对象，如附图 A-1 所示。说明：以前期大量调查研究为基础，将体系营建过程中一些必选要项进行归纳，即图中黑体字部分，使 AHP 层次分析更简化、合理化。这些必要项与其他选项进行重要性评价时，同级必选项合为一大项。

A.2　问卷说明

方法：此调查问卷的目的在于确定城市社区医养设施营建体系各影响因素之间相对权重。调查问卷根据层次分析法 (AHP) 的形式设计。这种方法是在同一个层次对影响因素重要性进行两两比较。衡量尺度划分为 5 个等级，分别为：非常重要 3、稍微重要 2、同等重要 1、不重要 1/2、非常不重要 1/3，后面的数字表示其重要程度。同一组因子之间要符合逻辑一致性，如：若 A<B，B<C，则 A<C 必须成立等等，否则问卷无效。

此外，针对部分空间要素及功能要素子项，运用五尺度评估法判断其需要程度，分为 5 个等级，分别为：不需要 1，一般不需要 2，无所谓 3，需要 4，非常需要 5。

关键词：夹心层老年人；照护单元；核心养护；核心医疗

解释说明：

夹心层老年人是指：处于"自主期"的老年人以颐乐教育为主；"终末期"老年人以关怀救治为主；介于两个阶段之间的部分及全面援护期老年人则以"医养结合"为重，本研究将其定义为"老年夹心层"阶段。

---

① 特别说明：本书借助"问卷星"——一个专业的在线问卷调查、测评和投票平台，进行专家调查问卷的绘制、发放、回收与统计，其网址为：http://www.sojump.com/iq/4416084.aspx。

A.3 问卷内容

● 第1层（环境）要素

照护单元环境：是老年人生活起居的主要场所，包括居室及配套服务空间。

核心养护环境：为老年人提供生活照料、娱乐活动的功能空间。

核心医疗环境：为老年人提供医疗、保健、康复的综合性服务空间。

A.3.1　您认为在养老设施内部环境建设上，为夹心层老年人提供服务应着重营建何种环境。请根据左侧栏相对于右侧栏项目的重要性进行选择（如照护单元 相对于 核心养护）：

	非常重要 3	稍微重要 2	同等重要 1	不重要 1/2	非常不重要 1/3	
照护单元	○	○	○	○	○	核心养护
照护单元	○	○	○	○	○	核心医疗
核心养护	○	○	○	○	○	核心医疗

● 第2层（照护单元各空间）要素

居室：老年人日常生活起居的空间。

交通空间：人/物的无障碍通行，以及适宜的休息等候、交流互动的空间。

亲情居室：供入住老年人与前来探望的亲人短暂共同居住的用房。

公共沐浴间：公共开放的有独立分隔和共同洗浴的空间。

公用厨房：为有独立备餐和交流需求的老年人及其家人提供的操作空间。

交往空间：老年人休闲、交往、用餐的共享空间。

护理站：为了方便和及时为介助和介护老年人服务，护理员/护士值守提供护理服务的空间。

A.3.2　您认为在照护单元的空间布局中，为夹心层老年人提供服务应着重建造哪些空间。请根据左侧栏相对于右侧栏项目的重要性进行选择。

	非常重要 3	稍微重要 2	同等重要 1	
必要项（居室；交通空间）	○	○	○	亲情居室
必要项（同上）	○	○	○	护理站
必要项（同上）	○	○	○	交往空间
必要项（同上）	○	○	○	公用厨房
必要项（同上）	○	○	○	公用沐浴间
必要项（同上）	○	○	○	公用卫生间
必要项（同上）	○	○	○	储物室
必要项（同上）	○	○	○	污洗室
亲情居室	○	○	○	护理站

亲情居室	○	○	○	交往空间
亲情居室	○	○	○	公用厨房
亲情居室	○	○	○	公用沐浴间
亲情居室	○	○	○	公用卫生间
亲情居室	○	○	○	储物室
亲情居室	○	○	○	污洗室
护理站	○	○	○	交往空间
护理站	○	○	○	公用厨房
护理站	○	○	○	公用沐浴间
护理站	○	○	○	公用卫生间
护理站	○	○	○	储物室
护理站	○	○	○	污洗室
交往空间	○	○	○	公用厨房
交往空间	○	○	○	公用沐浴间
交往空间	○	○	○	公用卫生间
交往空间	○	○	○	储物室
交往空间	○	○	○	污洗室
公用厨房	○	○	○	公用沐浴间
公用厨房	○	○	○	公用卫生间
公用厨房	○	○	○	储物室
公用厨房	○	○	○	污洗室
公用沐浴间	○	○	○	公用卫生间
公用沐浴间	○	○	○	储物室
公用沐浴间	○	○	○	污洗室
公用卫生间	○	○	○	储物室
公用卫生间	○	○	○	污洗室
储物室	○	○	○	污洗室

您认为照护单元内除上述空间之外，还应设置哪些空间？

● 第3层（照护单元各空间功能）要素

A.3.3 您认为在居室空间的功能设置中，为夹心层老年人提供服务应着重提供哪些功能。请根据左侧栏相对于右侧栏项目的重要性进行选择。

（日常护理：为老年人提供简单护理服务，包括护理台、盥洗池）

非常重要 3　稍微重要 2　同等重要 1

必要项（老人就寝、盥洗 如厕、储物）	○	○	○	淋浴
必要项（同上）	○	○	○	衣物清洗
必要项（同上）	○	○	○	简单备餐
必要项（同上）	○	○	○	会客用餐
必要项（同上）	○	○	○	消遣娱乐
必要项（同上）	○	○	○	日常护理

	非常重要 3	稍微重要 2	同等重要 1	不重要 1/2	非常不重要 1/3	
淋浴	○	○	○	○	○	衣物清洗
淋浴	○	○	○	○	○	简单备餐
淋浴	○	○	○	○	○	会客用餐
淋浴	○	○	○	○	○	消遣娱乐
淋浴	○	○	○	○	○	日常护理
衣物清洗	○	○	○	○	○	简单备餐
衣物清洗	○	○	○	○	○	会客用餐
衣物清洗	○	○	○	○	○	消遣娱乐
衣物清洗	○	○	○	○	○	日常护理
简单备餐	○	○	○	○	○	会客用餐
简单备餐	○	○	○	○	○	消遣娱乐
简单备餐	○	○	○	○	○	日常护理
会客用餐	○	○	○	○	○	消遣娱乐
会客用餐	○	○	○	○	○	日常护理
消遣娱乐	○	○	○	○	○	日常护理

老人居室中，您认为几人间较为合适（考虑经济因素）：

○ 1 人间（参考价格 3000-5000 元）　○ 2 人间（参考价格 2000-3000 元）

○ 4 人间（参考价格 1000-2000 元）　○其他 _____

老人居室中，是否需要设置阳台

○是　　　　　　　　　　○否

您希望阳台形式为：

○开敞式　　　○封闭式　　　○其他 _____

请您针对以下各设计要素的需要程度进行判定：1-->5 表示不需要 --> 非常需要

	非常不需要 1	一般不需要 2	无所谓 3	需要 4	非常需要 5
老人居室中：采光	○	○	○	○	○
通风	○	○	○	○	○

热舒适	○	○	○	○	○
景观视野	○	○	○	○	○
噪声控制	○	○	○	○	○
消遣娱乐中:电视	○	○	○	○	○
书桌	○	○	○	○	○
晒太阳	○	○	○	○	○
WiFi	○	○	○	○	○
园艺	○	○	○	○	○

您认为居室空间除上述功能之外,还应包含哪些功能?

A.3.4 您认为在交通空间的功能设置中,为夹心层老年人提供服务应着重提供哪些功能。请根据左侧栏相对于右侧栏项目的重要性进行选择

非常重要 3 稍微重要 2 同等重要 1

必要项(无障碍通行)	○	○	○	休息聊天
必要项(同上)	○	○	○	晒太阳

非常重要 3 稍微重要 2 同等重要 1 不重要 1/2 非常不重要 1/3

休息聊天	○	○	○	○	○	晒太阳

您认为交通空间除上述功能之外,还应包含哪些功能?

A.3.5 您认为在亲情居室的功能设置中,为夹心层老年人提供服务应着重提供哪些功能。请根据左侧栏相对于右侧栏项目的重要性进行选择

非常重要 3 稍微重要 2 同等重要 1

必要项(老人就寝;盥洗如厕;储物)	○	○	○	陪护就寝
必要项(同上)	○	○	○	淋浴
必要项(同上)	○	○	○	衣物清洗
必要项(同上)	○	○	○	简单备餐
必要项(同上)	○	○	○	会客用餐
必要项(同上)	○	○	○	消遣娱乐

非常重要 3 稍微重要 2 同等重要 1 不重要 1/2 非常不重要 1/3

陪护就寝	○	○	○	○	○	淋浴
陪护就寝	○	○	○	○	○	衣物清洗
陪护就寝	○	○	○	○	○	简单备餐
陪护就寝	○	○	○	○	○	会客用餐
陪护就寝	○	○	○	○	○	消遣娱乐

淋浴	○	○	○	○	○	衣物清洗
淋浴	○	○	○	○	○	简单备餐
淋浴	○	○	○	○	○	会客用餐
淋浴	○	○	○	○	○	消遣娱乐
衣物清洗	○	○	○	○	○	简单备餐
衣物清洗	○	○	○	○	○	会客用餐
衣物清洗	○	○	○	○	○	消遣娱乐
简单备餐	○	○	○	○	○	会客用餐
简单备餐	○	○	○	○	○	消遣娱乐
会客用餐	○	○	○	○	○	消遣娱乐

您认为亲情居室除上述功能之外，还应包含哪些功能：

_____

A.3.6　您认为在护理站的功能设置中，为夹心层老年人提供服务应着重提供哪些功能。请根据左侧栏相对于右侧栏项目的重要性进行选择

非常重要 3　稍微重要 2　同等重要 1

必要项（咨询接待、医疗处置、污物收集）	○	○	○	休息办公
必要项（同上）	○	○	○	盥洗如厕

非常重要 3　稍微重要 2　同等重要 1　不重要 1/2　非常不重要 1/3

休息办公	○	○	○	○	○	盥洗如厕

请您针对以下各设计要素的需要程度进行判定：1-->5 表示不需要 --> 非常需要

非常不需要 1　一般不需要 2　无所谓 3　需要 4　非常需要 5

简单医疗处置：储药配药	○	○	○	○	○
应急处理	○	○	○	○	○
观察监测	○	○	○	○	○
空间开敞：便于和老人聊天	○	○	○	○	○

A.3.7　您认为在交往空间的功能设置中，为夹心层老年人提供服务应着重提供哪些功能。请根据左侧栏相对于右侧栏项目的重要性进行选择

非常重要 3　稍微重要 2　同等重要 1　不重要 1/2　非常不重要 1/3

待客聊天	○	○	○	○	○	休闲娱乐
待客聊天	○	○	○	○	○	用餐
休闲娱乐	○	○	○	○	○	用餐

请您针对以下各设计要素的需要程度进行判定：1-->5 表示不需要 --> 非常需要

非常不需要 1　一般不需要 2　无所谓 3　需要 4　非常需要 5

休闲娱乐：电视　　○　　　　○　　　　○　　　　○　　　　○

投影　　　　　　　○　　　　○　　　　○　　　　○　　　　○

棋牌　　　　　　　○　　　　○　　　　○　　　　○　　　　○

您认为交往空间除上述功能之外，还应包含哪些功能？

_____

A.3.8　在公用厨房的功能设置中，请针对以下各项问题点，填写您认为适宜的答案：

（开水提供：为降低危险性而设置的老年人集中取水处）

开水间布置在厨房内是否合适：

　　○是　　　　　　　　○否 _____

公用厨房除烹饪、储物、污物收集等基本功能外，还需满足哪些功能：

_____

A.3.9　您认为在公用沐浴间的功能设置中，为夹心层老年人提供服务应着重提供哪些功能。请根据左侧栏相对于右侧栏项目的重要性进行选择。

（池浴：包括一般浴池和水疗池，前者是供老年人集体洗澡的池塘，后者是带有按摩等防病治病功能的浴池。

衣物清洗：为促进老年人交流，加强老年人自理能力而提供的便利的自助洗衣场地。）

　　　　　　非常重要 3　稍微重要 2　同等重要 1

必要项（更衣；洗浴）　　○　　　　　○　　　　　○　　　休息等候

必要项（同上）　　　　　○　　　　　○　　　　　○　　　盥洗如厕

　　　　非常重要 3　稍微重要 2　同等重要 1　不重要 1/2　非常不重要 1/3

休息等候　○　　　　○　　　　○　　　　○　　　　○　　　盥洗如厕

请您针对以下各设计要素的需要程度进行判定：1-->5 表示不需要 --> 非常需要

　　　　非常不需要 1　一般不需要 2　无所谓 3　需要 4　非常需要 5

淋浴　　　○　　　　○　　　　○　　　　○　　　　○

一般浴池　○　　　　○　　　　○　　　　○　　　　○

水疗池　　○　　　　○　　　　○　　　　○　　　　○

您认为衣物清洗（自助洗衣间）布置在公共沐浴间内是否合适

　　○是　　　　　　　　○否 _____

您认为公共沐浴间除上述功能之外，还应包含哪些功能：

_____

● 第 2 层（核心养护各空间）要素

入口大厅：为老年人提供入住服务和主要生活服务的空间

活动室：促进老年人读书学习、休闲娱乐、健身锻炼和交流互动的公共空间

多功能厅：为了满足组织老年人开展集体活动的需要，也可为工作人员提供集体活动

的场所

  特殊浴室：主要为介护老人服务，配置专业、齐全的助浴设备的沐浴空间

  餐厅：鼓励老年人自己用餐、集体用餐、接待客人的公共空间

  洗衣房：集中清洗、晾晒、存放老年人衣物、被罩的空间

  污物室：主要是指垃圾的分类和收集

  管理办公室：主要包括信息管理和行政办公

A.3.10 您认为在核心养护的空间布局中，为夹心层老年人提供服务应着重建造哪些空间。请根据左侧栏相对于右侧栏项目的重要性进行选择

非常重要 3 稍微重要 2 同等重要 1

左侧项目	非常重要3	稍微重要2	同等重要1	右侧项目
必要项（入口大厅、交通空间、公用卫生间）	○	○	○	餐厅厨房
必要项（同上）	○	○	○	活动室
必要项（同上）	○	○	○	多功能厅
必要项（同上）	○	○	○	特殊浴室
必要项（同上）	○	○	○	理发室
必要项（同上）	○	○	○	洗衣房
必要项（同上）	○	○	○	污物室
必要项（同上）	○	○	○	管理办公室

非常重要 3 稍微重要 2 同等重要 1 不重要 1/2 非常不重要 1/3

左侧项目	非常重要3	稍微重要2	同等重要1	不重要1/2	非常不重要1/3	右侧项目
餐厅厨房	○	○	○	○	○	管理办公室
餐厅厨房	○	○	○	○	○	活动室
餐厅厨房	○	○	○	○	○	多功能厅
餐厅厨房	○	○	○	○	○	特殊浴室
餐厅厨房	○	○	○	○	○	理发室
餐厅厨房	○	○	○	○	○	洗衣房
餐厅厨房	○	○	○	○	○	污物室
活动室	○	○	○	○	○	管理办公室
活动室	○	○	○	○	○	多功能厅
活动室	○	○	○	○	○	特殊浴室
活动室	○	○	○	○	○	理发室
活动室	○	○	○	○	○	洗衣房
活动室	○	○	○	○	○	污物室
多功能厅	○	○	○	○	○	管理办公室
多功能厅	○	○	○	○	○	特殊浴室

多功能厅	○	○	○	○	○	理发室
多功能厅	○	○	○	○	○	洗衣房
多功能厅	○	○	○	○	○	污物室
特殊浴室	○	○	○	○	○	管理办公室
特殊浴室	○	○	○	○	○	理发室
特殊浴室	○	○	○	○	○	洗衣房
特殊浴室	○	○	○	○	○	污物室
理发室	○	○	○	○	○	管理办公室
理发室	○	○	○	○	○	洗衣房
理发室	○	○	○	○	○	污物室
洗衣房	○	○	○	○	○	管理办公室
洗衣房	○	○	○	○	○	污物室
污物室	○	○	○	○	○	管理办公室

您认为核心养护内除上述空间之外，还应设置哪些空间？

● 第3层（核心养护各空间功能）要素

A.3.11　您认为在入口大厅的功能设置中，为夹心层老年人提供服务应着重提供哪些功能。请根据左侧栏相对于右侧栏项目的重要性进行选择。

非常重要 3　稍微重要 2　同等重要 1　不重要 1/2　非常不重要 1/3

前台接待	○	○	○	○	○	入住登记
前台接待	○	○	○	○	○	值班监控
前台接待	○	○	○	○	○	信报收发
前台接待	○	○	○	○	○	贩卖
入住登记	○	○	○	○	○	值班监控
入住登记	○	○	○	○	○	信报收发
入住登记	○	○	○	○	○	贩卖
值班监控	○	○	○	○	○	信报收发
值班监控	○	○	○	○	○	贩卖
信报收发	○	○	○	○	○	贩卖

关于信报收发，您希望是前台统一管理还是设自助信箱：

　　○前台管理　　　○自助信箱　　　○其他 _____

关于贩卖，您希望设小型超市（小卖部）还是前台售卖：

　　○小型超市　　　○前台售卖　　　○其他 _____

您认为入口大厅空间除上述功能之外，还应包含哪些功能：

A.3.12　在餐厅厨房的功能设置中，请针对以下各项问题点，填写您认为适宜的答案：

厨房空间内是否必要设置员工更衣休息室：

　　○是　　　　　　　　○否

您认为，餐厅内除了选餐、用餐、污物收集，还应满足哪些功能：

_____

您认为，厨房内除了烹饪、分餐、储物、污物收集，还应满足哪些功能：

_____

A.3.13　您认为在活动室的功能设置中，为夹心层老年人提供服务应着重提供哪些功能。请根据左侧栏相对于右侧栏项目的重要性进行选择。

　　　　　非常重要 3　稍微重要 2　同等重要 1　不重要 1/2　非常不重要 1/3

图书阅览	○	○	○	○	○	棋牌
图书阅览	○	○	○	○	○	书画
图书阅览	○	○	○	○	○	体育运动
图书阅览	○	○	○	○	○	网络
棋牌	○	○	○	○	○	书画
棋牌	○	○	○	○	○	体育运动
棋牌	○	○	○	○	○	网络
书画	○	○	○	○	○	体育运动
书画	○	○	○	○	○	网络
体育运动	○	○	○	○	○	网络

您认为，网络室内视频聊天区的空间宜敞开还是每座有隔断：

　　○空间敞开　　　　　○设置隔断　　　　　○无所谓

您认为，体育运动中宜设置哪些活动：[最少选择一项]

　　○乒乓球　　　　　○台球　　　　　○其他_____

您认为活动室除上述功能之外，还应包含哪些功能：

_____

A.3.14　您认为在多功能厅的功能设置中，为夹心层老年人提供服务应着重提供哪些功能。请根据左侧栏相对于右侧栏项目的重要性进行选择。

　　　　　　　非常重要 3　稍微重要 2　同等重要 1　不重要 1/2　非常不重要 1/3

会议讲座和影像播放 ○　　　　○　　　　○　　　　○　　　○歌舞表演等活动

您认为多功能厅除上述功能之外，还应包含哪些功能？

_____

A.3.15　您认为在特殊浴室的功能设置中，为夹心层老年人提供服务应着重提供哪些功能。请根据左侧栏相对于右侧栏项目的重要性进行选择。

（洗浴是指盆浴：主要为介护老人使用的洗浴设备，包括仰卧位入浴装置、乘坐轮椅或者乘坐升降机的座位式入浴装置、自助式入浴装置等类型）

非常重要3 稍微重要2 同等重要1

必要项（更衣；洗浴）	○	○	○	休息等候
必要项（同上）	○	○	○	盥洗如厕

非常重要3 稍微重要2 同等重要1 不重要1/2 非常不重要1/3

休息等候	○	○	○	○	○	盥洗如厕

您认为，盆浴设施宜选择哪种：[最少选择1项]

　　○仰卧位入浴装置　　　○乘坐轮椅或升降机的座位式入浴装置

　　○自助式入浴装置　　　○其他 _____

您认为特殊浴室除上述功能之外，还应包含哪些功能：

_____

● 第2层（核心医疗各空间）要素

检验区：为诊疗服务的临床检验、功能检查空间

治疗室：老年人常见病诊断、治疗的空间

处置室：存放和中转病区污染物品的主要场所。包括各种消毒，敷料的检查、清点，污物处置等

A.3.16 您认为在核心医疗的空间布局中，为夹心层老年人提供服务应着重建造哪些空间。请根据左侧栏相对于右侧栏项目的重要性进行选择。

非常重要3 稍微重要2 同等重要1

必要项（公共卫生间、交通空间、收费药房、检验区、治疗室、处置室）	○	○	○	内外科诊室
必要项（同上）	○	○	○	中医诊室
必要项（同上）	○	○	○	输液室
必要项（同上）	○	○	○	抢救室
必要项（同上）	○	○	○	保健室
必要项（同上）	○	○	○	康复室
必要项（同上）	○	○	○	心理疏导室
必要项（同上）	○	○	○	医护办公室

非常重要3 稍微重要2 同等重要1 不重要1/2 非常不重要1/3

内外科诊室	○	○	○	○	○	医护办公室
内外科诊室	○	○	○	○	○	中医诊室

内外科诊室	○	○	○	○	○	输液室
内外科诊室	○	○	○	○	○	抢救室
内外科诊室	○	○	○	○	○	保健室
内外科诊室	○	○	○	○	○	康复室
内外科诊室	○	○	○	○	○	心理疏导室
中医诊室	○	○	○	○	○	医护办公室
中医诊室	○	○	○	○	○	输液室
中医诊室	○	○	○	○	○	抢救室
中医诊室	○	○	○	○	○	保健室
中医诊室	○	○	○	○	○	康复室
中医诊室	○	○	○	○	○	心理疏导室
输液室	○	○	○	○	○	医护办公室
输液室	○	○	○	○	○	抢救室
输液室	○	○	○	○	○	保健室
输液室	○	○	○	○	○	康复室
输液室	○	○	○	○	○	心理疏导室
抢救室	○	○	○	○	○	医护办公室
抢救室	○	○	○	○	○	保健室
抢救室	○	○	○	○	○	康复室
抢救室	○	○	○	○	○	心理疏导室
保健室	○	○	○	○	○	医护办公室
保健室	○	○	○	○	○	康复室
保健室	○	○	○	○	○	心理疏导室
康复室	○	○	○	○	○	医护办公室
康复室	○	○	○	○	○	心理疏导室
心理疏导室	○	○	○	○	○	医护办公室

您认为核心医疗内除上述空间之外，还应设置哪些空间？

● 第3层（核心医疗各空间功能）要素

A.3.17　在检验区的功能设置中，请您针对以下各设计要素的需要程度进行判定：1-->5
表示不需要 --> 非常需要

功能检查：主要包括 X 射线（常用作透视检查），B 超（应用超声早期明确诊断），心脑电（临床最常用的检查之一，记录、诊断）

非常不需要 1　一般不需要 2　无所谓 3　需要 4　非常需要 5

检验: 常规检查化验 ○ ○ ○ ○ ○

功能检查 ○ ○ ○ ○ ○

功能检查: X 射线 ○ ○ ○ ○ ○

B 超 ○ ○ ○ ○ ○

心脑电 ○ ○ ○ ○ ○

您认为检验区除检验、标本贮存、污物收集之外，还应包含哪些功能?

A.3.18 您认为在输液室的功能设置中，为夹心层老年人提供服务应着重提供哪些功能。请根据左侧栏相对于右侧栏项目的重要性进行选择。

非常重要 3　稍微重要 2　同等重要 1

必要项（配液观察; 输液） ○ ○ ○ 陪护

必要项（同上） ○ ○ ○ 消遣娱乐

非常重要 3　稍微重要 2　同等重要 1　不重要 1/2　非常不重要 1/3

陪护 ○ ○ ○ ○ ○ 消遣娱乐

请您针对以下各设计要素的需要程度进行判定: 1-->5 表示不需要 --> 非常需要

非常不需要 1　一般不需要 2　无所谓 3　需要 4　非常需要 5

输液: 坐式 ○ ○ ○ ○ ○

卧式 ○ ○ ○ ○ ○

消遣娱乐: 书报 ○ ○ ○ ○ ○

电视 ○ ○ ○ ○ ○

WiFi ○ ○ ○ ○ ○

您认为输液室除上述功能之外，还应包含哪些功能?

A.3.19 您认为在保健室的功能设置中，为夹心层老年人提供服务应着重提供哪些功能。请根据左侧栏相对于右侧栏项目的重要性进行选择。

非常重要 3　稍微重要 2　同等重要 1　不重要 1/2　非常不重要 1/3

健康教育 ○ ○ ○ ○ ○ 健康监测评估

健康教育 ○ ○ ○ ○ ○ 预防接种

健康教育 ○ ○ ○ ○ ○ 隔离

健康监测评估 ○ ○ ○ ○ ○ 预防接种

健康监测评估 ○ ○ ○ ○ ○ 隔离

预防接种 ○ ○ ○ ○ ○ 隔离

您认为保健室除上述功能之外，还应包含哪些功能?

A.3.20　您认为在医护办公室的功能设置中，为夹心层老年人提供服务应着重提供哪些功能。请根据左侧栏相对于右侧栏项目的重要性进行选择。

非常重要 3　稍微重要 2　同等重要 1

必要项（办公管理）　○　　　　　○　　　　　○　　　更衣休息

必要项（同上）　　　○　　　　　○　　　　　○　　　盥洗如厕

非常重要 3　稍微重要 2　同等重要 1　不重要 1/2　非常不重要 1/3

更衣休息　○　　　○　　　○　　　○　　　○　　　盥洗如厕

您认为医护办公室除上述功能之外，还应包含哪些功能？

_____

问卷结束！非常感谢您的耐心回答！

如果方便，请您留下联系方式，以便进行问卷的跟踪调查和统计结果的反馈，请您和我一起分享研究成果！

您的姓名：

_____

您常用的 Email 地址：

_____

您的电话号码：

_____

您从事的职业：[最少选择 1 项]

　○建筑设计师　　　○房地产开发与销售等　　○政府部门工作人员　　○医护人员

　○养老问题研究者　○行政 / 后勤　　　　　○顾问 / 咨询　　　　　○教师

　○其他 _____

您的单位名称：

_____

您的主要研究方向：

_____

非常感谢您参与此次调查，请您留下对此评价体系的宝贵意见，谢谢！（10 ~ 1000 字）

_____

附录B 专家背景资料

序号	群组	姓氏	职业	专业领域／研究方向	工作单位（性质）
1	政府部门	韩××	办公人员	城市更新与治理	管理委员会
2		陈××	办公人员	养老保障政策	民政局
3		戚×	管理人员	养老保障政策	民政局
4		罗××	办公人员	老年医疗护理	卫生局
5		谢××	办公人员	老年康复保健	卫生局
6		周×	管理人员	养老服务	卫生局
7	学界	郑×	研究员	养老服务评估	开发公司
8		张×	研究员	老年社区智能化	开发公司
9		张××	研究员	乡村养老	高校
10		沈×	研究员	乡村养老	高校
11		项×	研究员	乡村养老	高校
12		闫×	研究员	养老设施声环境现状	高校
13		孟××	研究员	老龄社会与城乡应对	高校
14		吴×	研究员	老龄社会与老年住宅	高校
15		温×	研究员	互助养老与多代社区	高校
16		江××	教师	老年人居住环境	高校
17		裘×	教师	老年人居住环境	高校
18		王××	教师	老年人居住环境	高校
19		董××	教师	城市规划	高校
20		贺×	教师	人居环境	高校
21		王×	教师	城市设计	高校
22		傅××	教师	社会化养老服务体系	高校
23		孙××	教师	乡村人居环境	高校
24		张××	教师	传统建筑	高校

续表

序号	群组	姓氏	职业	专业领域/研究方向	工作单位（性质）
25	业界	杨×	设计师	养老建筑	设计院
26		苏××	设计师	老年住宅	设计院
27		王×	设计师	适老化社区景观环境	设计院
28		楼××	设计师	老旧社区适老化改造	设计院
29		王××	设计师	公共建筑	设计院
30		赵××	设计师	医疗建筑	设计院
31		方×	设计师	医疗建筑	设计院
32		杜××	设计师	智能化养老	设计院
33		彭××	设计师	老年住宅	设计院
34		阮××	设计师	老年住宅	设计院
35		李××	策划师	养老地产开发	房地产
36		黎××	策划师	养老地产开发	房地产
37		王×	规划师	养老机构规划布局	规划院
38		杜×	规划师	养老设施体系规划	规划院
39		王××	规划师	养老设施供需分析及规划策略	规划院
40	用户	张××	行政人员	养老服务需求	老年公寓
41		李××	行政人员	养老院经营模式	老年公寓
42		陈××	行政人员	养老院标准化管理	老年公寓
43		刘××	护士	老年护理	老年福利院
44		邱××	护士	老年护理	老年福利院
45		黄××	护士	老年康复	老年公寓
46		干××	护士	老年预防保健	老年公寓
47		邝××	护士长	老年健康管理	老年公寓
48		刘××	护士	老年慢性病	老年福利院
49		毛××	护士	老年康复	老年福利院
50		张×	医师	老年康复	老年福利院
51		蒋××	医师	老年慢性病	老年公寓
52		金×	医师	老年慢性病	老年公寓

附录C 老人访谈记录

本书分别选取了国内带有一定医疗护理功能的养老居住设施的入住老人，以及一些老龄化程度较高的社区居家老人为访谈对象。旨在更全面地了解老年人对适老化设施的认识、建议和愿景。

C.1 设施养老

1. 王女士
◆ 年龄：87 岁。籍贯：杭州。以前从事职业：销售员。
◆ 身体状况：伴有高血压和糖尿病等老年常见慢性病，有时使用助行器行走 。
◆ 家庭状况：一儿三女，儿子住在设施所在小区内，三个女儿轮流周末看望。
◆ 入住原因：听朋友介绍这里环境和服务都还不错，于 2014 年 3 月，和关系好的朋友一起入住。
◆ 居住情况：两床间，老伴去世后，一床用作女儿留宿。
◆ 日常生活：肠胃不好，自己煮饭，大菜由子女来时帮做帮带；小型衣物自行清洗，大型衣物、被褥子女清洗；阳台晾晒。
◆ 娱乐交往：参与定期举办的电影放映、卡拉 OK、手工制作等，平日以室内看报纸、看电视为主，天气好时在走廊上与其他老人、医护人员聊聊天。
◆ 设施医疗评价：门诊服务、相关设备齐全，但医生等卫生技术人员欠缺，以输液、推拿、康复锻炼等基础护理为主。
◆ 居住环境评价：通风采光好，但有卡车、烟花噪声。

2. 杨先生
◆ 年龄：85 岁。籍贯：福建。以前从事职业：工程师。
◆ 身体状况：较为良好，生活基本能自理；但老伴中风半瘫，每日需要理疗。
◆ 家庭状况：二儿二女，一儿一女在杭州工作，另一儿子在厦门，一女在三明。
◆ 入住原因：跟随大儿子工作到杭州生活，儿子工作非常繁忙，考察得知这边条件较好，父母可得到较好照顾。
◆ 居住情况：两床间，与老伴同住；居室空间主要用作老伴护理、康复。
◆ 日常生活：喜欢做饭，平日自己做饭居多，儿女来有时会出去餐厅吃，换换口味；

衣物由护工清洗。

◆ 娱乐交往：做操、看新闻（纸质 /iPad）、逛超市、做饭、散步；与老年朋友多在走廊转角交往区闲聊、晒太阳。

◆ 医疗评价：小病能看大病不行，有定期检查和查房，感觉不错；护工综合素养较低，专业护理水平不够（大部分护工是文盲，而且只会讲方言，难以沟通）。

◆ 居住环境评价：购物便利，但储蓄、邮寄不便；卫生间淋浴空间略小；储物空间够用（大部分物品放在三明家里）；感觉还缺少一些居家的氛围；入住者以高龄老年人为主，难以沟通交流，希望多接触些年轻人。

◆ 入住费用：(居住)4880/ 月,(护理)5000/ 月(其中 2000 交给养老院)，吃饭另付(自己做花费约为 1000，食堂吃饭花费约为 1500)，总体两人 11000/ 月。

3. 陈女士

◆ 年龄：76 岁。籍贯：杭州。以前从事职业：高校教师。

◆ 身体状况：于 2014 年下旬做过心脏手术，尚处在术后恢复期。

◆ 家庭状况：一儿一女，均住在城内，一月探望两三次。

◆ 入住原因：不想给子女添麻烦；建筑形式好看庄重、小区绿化好、建筑质量好、家具齐全高档、卫生间人性化；2014 年 1 月起试住一月觉得好继续住一年。

◆ 居住情况：大床间，与老伴同住；室内摆放了自带的书桌和书架。

◆ 日常生活：楼内食堂饭菜可口、还能点菜，所以基本都吃食堂，晚上有时会自己煮稀饭吃，儿女探望也一起吃食堂；秋、冬被褥由机构负责提供和清洗。

◆ 娱乐交往：平日多在自己房内看书、画画或棋牌室内打牌；有时会与熟悉的老年人在自己房内聊天。

◆ 医疗评价：每天会定时量血压、送药、提醒吃药，但医疗水平还不够，遇到突发状况需要转诊至周边大型医院，距离不远、但需自己打车，非常不便。

◆ 居住环境评价：硬件条件很不错；但有时会有工地噪声和居民区的烟花爆竹；储物空间目前尚且够用（大部分物品未搬来）。

4. 彭女士

◆ 年龄：84 岁。籍贯：杭州。以前从事职业：人事处。

◆ 身体状况：有慢性支气管炎和肺气肿，依赖药物治疗和康复锻炼。

◆ 家庭状况：两儿一女，均居住在市中心，周末会来看望。

◆ 入住原因：子女工作繁忙，不想给他们增添负担，和好朋友结伴入住。

◆ 居住情况：大床间；老伴较早去世，习惯一个人居住。

◆ 日常生活：不太会烧饭，基本都在楼内食堂就餐，方便、健康；屋内配有洗衣机，小件自己洗，大件会叫护工帮忙。

◆ 娱乐交往：平日会玩一些 iPad 小游戏，不喜欢打牌，不会上网；在这里，大家都很团结，一有活动都积极参加，如一块儿包饺子、制作手工艺品等。有时，会在多功能厅、屋顶平台举办一些活动，如歌舞表演、乐器演奏等。

◆ 医疗评价：在楼内看病比较方便，不用像大医院排长队挂号、候诊；诊治小病没问题，大病需要转至大医院；牙科医生、内外科医生每周固定时间坐诊两次。

◆ 居住环境评价：整体环境好，室外绿化多、道路平、有集中大草坪和适量休息座椅；离菜场和超市都很近，购物便捷；但噪声问题显著，主要是车辆噪声。

C.2 居家养老

1. 张先生

◆ 年龄：75 岁。籍贯：陕西。以前从事职业：医生。

◆ 身体状况：脑梗后遗症，说话不清晰；主要由老伴照顾。

◆ 家庭状况：一个儿子，在杭州市自主创业，工作非常繁忙，遂跟随孩子来杭州定居生活；与儿子住处相距大致 1.5 个小时车程，平时不定时回来，周末带儿媳和孙子一起回来。

◆ 居住情况：两室一厅，住在二层，无电梯，上下楼较吃力。

◆ 日常生活：老伴买菜、做饭；衣物由老伴用洗衣机清洗，儿子回来也帮忙。

◆ 娱乐交往：室内打牌、室外散步；居住小区入住很多非本单位人员，交往少。

◆ 医疗条件：该小区为一企业家属区，有一小型医院为原企业医院，后改为社区医院，规模较大、设施条件较好，距家 300m 左右，满足基本医疗需求。

◆ 对社区养老服务的意见或建议：希望小区养老服务中心和社区医院能安排专业的护工及医务人员提供上门服务，如清扫居室、陪护、助浴，以及量血压、配送药等医疗服务。

2. 黄先生

◆ 年龄：87 岁。籍贯：杭州。以前从事职业：干部。

◆ 身体状况：生活基本不能自理，高血压、腰椎间盘突出，走路不方便；老伴前不久摔跤骨折，住院动手术刚出院。

◆ 家庭状况：老伴 82 岁；两个女儿，均在本市工作生活，大女儿与之同住。

◆ 居住情况：三室一厅，住在三层，无电梯，上下楼较吃力。

◆ 日常生活：女儿及其丈夫、孙女负责全部家务，洗衣、买菜、做饭等。

◆ 娱乐交往：身体条件较好的时候，经常去社区棋牌室下棋，也结交了不少好朋友，现在基本没什么娱乐活动，也就看看电视、听听广播；行走不便很少下楼，社交很少。

◆ 医疗条件：所住小区为大学家属区，校医院有一定规模、条件较好，距家 150 米左右。大病到附近三甲大型医院，医疗条件很好，距家 1500m。

◆ 对社区养老服务的意见或建议：希望社区配置具有预防保健和康复锻炼功能养老设施，提供车辆接送服务；校医院和附近三甲医院建立合作关系，便于转诊。

3. 李女士

◆ 年龄：75 岁。籍贯：杭州。以前从事职业：干部。

◆ 身体状况：患有糖尿病多年；老伴身体良好。

◆ 家庭状况：老伴 78 岁；一儿两女，一儿在国外，两女均不在本市，节假日回来看望；李女士妹妹与其生活在同一个小区，平日会来串门聊天、帮忙做家务。

◆ 居住情况：三室二厅，高层，有电梯。

◆ 日常生活：主要由老伴买菜做饭，女士妹妹有时也会带来一些饭菜；衣物、被罩等由老伴用洗衣机清洗。

◆ 娱乐交往：参加了社区的老年合唱团和康乐球社团，晚饭后经常与老伴在小区内散步；住在高校家属区，和同小区的老朋友交往较多。

◆ 医疗条件：同上（黄先生）。

◆ 对社区养老服务的意见或建议：希望社区服务中心能安排一些专业的护理人员，在必要时提供援护和护理指导。

4. 刘先生

◆ 年龄：79 岁。籍贯：安徽。以前从事职业：教师。

◆ 身体状况：患有较为严重的骨质疏松症，需挂拐行走。

◆ 家庭状况：老伴 76 岁；三个女儿，大女儿和小女儿在杭州工作，随她们来杭州生活，与大女儿同住。

◆ 居住情况：三室二厅，高层，有电梯。

◆ 日常生活：由女儿负责大部分家务，买菜做饭、清扫居室；老伴有时也洗些小件衣物、种些花草植物。

◆ 娱乐交往：早晚与老伴在楼下花园散散步，有时会到社区老年活动中心打打麻将，与邻里在社区连廊下下棋。

◆ 医疗条件：所住小区为旧式居民小区，距家 500m 左右有社区医院，条件不太好；距大医院较远，看病非常不便。

◆ 对社区养老服务的意见或建议：提升社区医院的医疗条件，配置一些经验丰富的全科医生和专业的护工，提供康复锻炼的场地和设施。

后 记

硕士阶段,我就读于西安建筑科技大学,师从李志民教授。学习期间着重研究了建筑计划学的理论方法,并在李志民老师指导下探索了住宅空间形态的适宜性。从论文选题、实地调研到论文撰写,李志民老师都给予了我很大帮助,其严谨的治学态度和学术思想对我产生了重要影响,让我深刻认识到掌握使用者的需求和感受、全方位统筹相关资源的必要性,了解到如何真正实现"设计以人为本"的目标。这些体会也一直贯穿到我的后续研究中。

博士阶段,我就读于浙江大学,加入了由王竹教授带队组建的人居环境研究中心。这是一支集合了众多知名教授、副教授及博士和硕士研究生的专业团队,长期从事乡村人居环境和养老居住环境方面的研究,积累了丰富的设计经验和深厚的建筑学理论。从我"拜入师门"的那一刻起,王竹老师就一直给予我认真悉心的指导。从选定城市社区医养结合的研究方向到最终博士论文的完成,从研究框架的反复推敲到问卷调查的广泛开展,王竹老师都给了我诸多建议与帮助。同时,还要感谢在我的博士课题方面给予我指导的裘知副教授。关于医养结合的研究,目前国内只有一些初步的实践探索,缺少完整、系统的理论框架,研究难度较大。在这方面,裘老师给了我及时的指导与建议,尤其是调研问卷的体系构建与养老项目的实地调研,离不开她的悉心指导。此外,还要向给予我帮助并配合我完成专家调查问卷的贺勇、浦欣成、张红虎、王卡、王洁、张玉瑜、孙炜炜、杨建军、何文炯等老师致以诚挚的谢意。当然,大量的实地考察和调研工作,也离不开养老研究小组众多成员的帮助,感谢温芳、楼瑛浩、张子琪、孟静亭、闫嘉等同学。

2015年7月,我来到西安交通大学人居学院建筑系工作,在以周典教授为核心的研究团队下继续养老方面的探索与实践。周典老师在社区养老方面已获得丰富的研究成果,他建议我以博士论文为基础进行深化与调整,在此特别感谢他的悉心指导。今天这部书的顺利完稿并得以出版,也是得到了周老师的大力支持和鼓励。

感谢书中提及的民政部门、卫生部门、房地产、设计院、养老机构等诸多单位和个人,感谢中国建筑工业出版社吴宇江编审、孙书妍编辑为本书出版付出的努力,西安交通大学人居学院建筑系的仇志伟硕士生为本书提供的封面设计,以及中国博士后科学基金(2015M582665)、陕西省社科基金(2016G010)、教育部人文社科基金(14YJCZH120)的资金支持。